デーリィマンのご馳走

ユーラシアに まだ見ぬ乳製品を求めて

平田 昌弘

はじめに

　デーリィマンのご馳走。デーリィマンとは、酪農場主や牛乳屋さんのことを指します。本書では、"ミルクに関わる人びと"のことを意図して用いています。
　ミルクに関わる人びとに、"日本での新たな乳製品開発につながるアイデアを分かりやすく紹介したい"。筆者は、25年以上にわたって、ユーラシア大陸を広く自分の足で歩き、牧畜民の生活をつぶさに眺め、牧畜民の乳文化（乳加工技術や乳製品利用）を観察してきました。普段、私たちが接している乳文化は、西欧文化のものです。練乳、クリーム、アイスクリーム、そして、熟成チーズなど、いずれも明治以降にヨーロッパやアメリカから日本にもたらされた乳文化です。そんなヨーロッパも、ユーラシア大陸のほんの一部でしかありません。次ページの事例紹介図をご覧ください。ヨーロッパ以外の地域の方がとてつもなく大きいことが分かります。これらの広大な地域で、実にさまざまな乳加工が行われ、乳製品が食生活に多様に取り入れられています。本書では、そんな日本では見たことがない奇想天外な乳加工技術やユニークな乳製品の利用の在り方を紹介します。どのようにミルクを加工し、どのような乳製品を利用しているか、皆さんワクワクしてきませんか。これらの地域では、乳製品が生きていくための必需品となっていて、乳文化が生活にどっしりと根付いています。
　本書は、『月刊デーリィマン』誌に2013年2月から2014年10月まで合計21回にわたって連載された「ユーラシア発―乳文化のいざない」、そして、2015年6月号と7月号に掲載された「非乳文化圏・フィリピン」、2015年11月に掲載された「イタリア山岳地帯の"山のチーズ"（後編）」をまとめたものです。今回の出版に合わせて、文章を補い、多くの写真を新たに掲載し、見た目にも楽しい冊子となるよう心掛けました。本書が出版できたのは、デーリィマン編集部の西本幸雄さんのおかげです。ユーラシア大陸の乳文化を連載していた際、西本さんの校正が入ると、こんなにも文章が分かりやすくなるのかと、いつも思ったものでした。出版部の重堂恭介さんには、レイアウトなどの編集の労を取っていただきました。海外調査が続き、遅れがちな修正原稿の提出に、辛抱強く並走していただきました。心から感謝を申し上げます。
　本書で不明な点やもっと知りたい点がございましたら、いつでもご連絡ください。また、説明しきれなかった乳製品もまだまだたくさんあります。より詳しい情報や写真を提供いたします。ぜひ、お気軽にご相談ください。日本で新たなる乳文化が生まれるのでしたら、喜んで協力させていただきます。
　本書が、新しい乳文化の創造を夢みる皆さんに多少でもお役に立つことができれば幸いです。

2016年12月
厳寒の凛とした十勝平野に包まれつつ

平田　昌弘

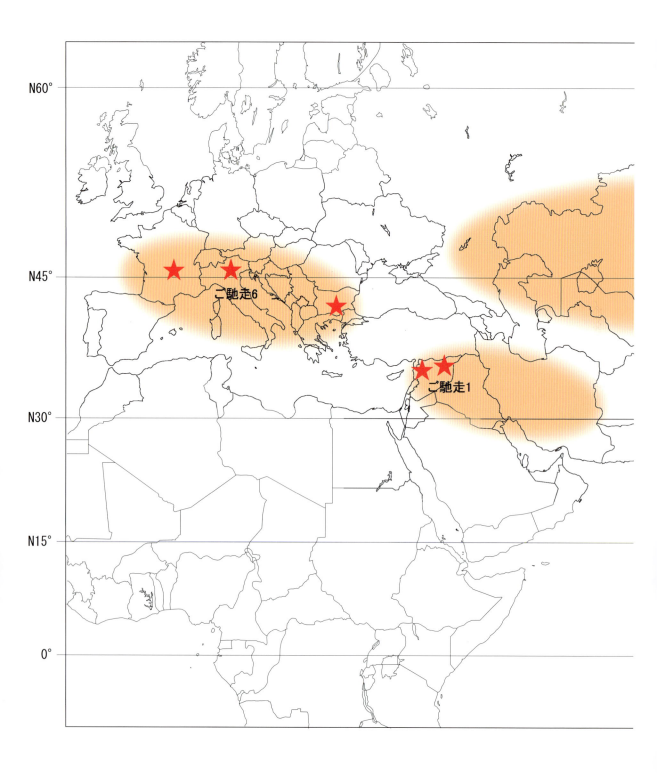

事例紹介図　本書で

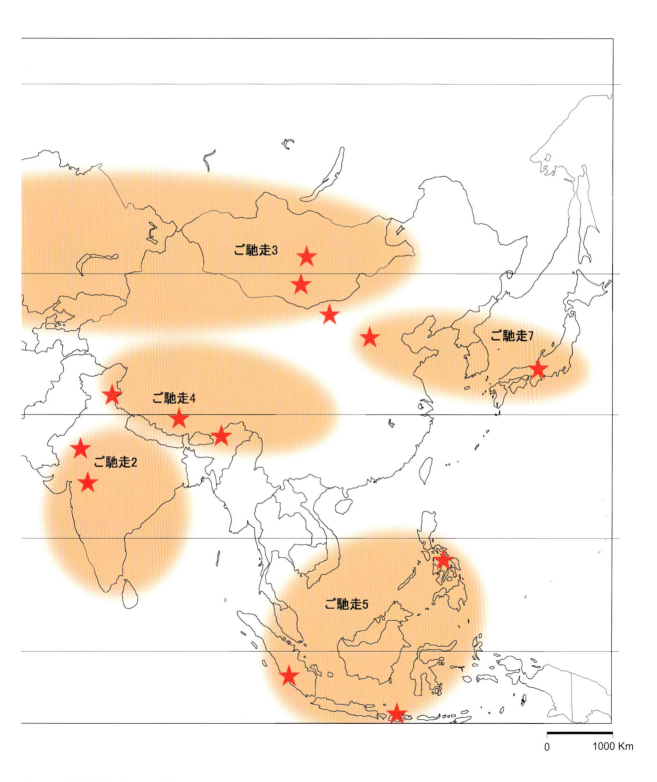

取り上げる乳文化の事例（★）

目次

ご馳走 0　人類の文化財産―搾乳と乳加工 …………………………………………………… 1

ご馳走 1　西アジアの乳文化
　西アジア牧畜民の乳文化 …………………………………………………………………… 7
　西アジア都市民・農耕民の乳文化 ………………………………………………………… 12

ご馳走 2　南アジアの乳文化
　南アジア牧畜民の乳文化 …………………………………………………………………… 25
　南アジア都市・農村の乳文化 ……………………………………………………………… 28

ご馳走 3　北方アジアの乳文化
　北アジア遊牧民の乳文化（モンゴル国） ………………………………………………… 37
　北アジア定住遊牧民の乳文化（中国内モンゴル） ……………………………………… 45
　COLUMN …………………………………………………………………………………… 48

ご馳走 4　チベット高原の乳文化
　乾燥したチベット高原の乳文化 …………………………………………………………… 51
　湿潤なチベット高原の乳文化 ……………………………………………………………… 55

ご馳走 5　東南アジアの乳文化
　非乳文化圏インドネシアの乳文化 ………………………………………………………… 61
　非乳文化圏フィリピンの乳文化 …………………………………………………………… 66

ご馳走 6　ヨーロッパの乳文化
　ブルガリアの乳文化 ………………………………………………………………………… 75
　フランスの伝統文化の保全と乳食ライフスタイル ……………………………………… 86
　イタリア北部の熟成チーズ発達史 ………………………………………………………… 93

ご馳走 7　古代の乳文化
　古代の南アジアをたどる－醍醐とは？ …………………………………………………… 101
　古代の日本をたどる－酥と蘇とは？ ……………………………………………………… 106

ご馳走 8　ユーラシア大陸に見る乳文化の一元二極化 …………………………………… 111

　■ミルクにまつわる書籍 …………………………………………………………………… 115

牧畜民は、生態環境が厳しい乾燥地で、家畜に大きく依存し、乳製品を利用しながらたくましく生き抜いています。本書は、そんな牧畜民の乳加工技術や乳製品を主に紹介していきたいと思っています。牧畜民がつくる乳製品には西洋型とは全く異なった乳製品が見られます。例えば、チーズはカビや酵素による熟成を基本的に適用せずにつくられています。本書のプロローグとして、搾乳と乳加工の始まりについて紹介しましょう（写真0-1）。

ご馳走0
人類の文化財産
―搾乳と乳加工

写真0-1
シリアのアラブ系牧畜民の搾乳。搾乳と乳加工が開始された西アジアでは、現在も脈々と乳文化が受け継がれている。

●搾乳は世界共通ではない

　私たちは普段、当然のようにミルクを搾り、当然のようにミルクを飲んでいます。しか

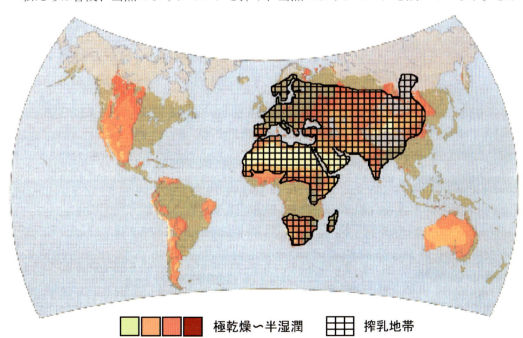

極乾燥〜半湿潤　　搾乳地帯

図0-1　世界の乾燥地帯と伝統的搾乳地帯
（出典：石毛直道『人類の食文化』1998）

写真0-2　集落の周りで砂埃（すなぼこり）を上げるヒツジ・ヤギの群れ。このような乾燥した地域で、搾乳や乳加工が開始された。シリア内陸部にて。

し、もともとミルクは世界中の人びとに利用されていませんでした。図0-1をご覧ください。この図は15世紀ごろに搾乳されていたと考えられる地域を示しています。搾乳地帯が、ちょうど乾燥地帯（黄色から赤色の地帯）と重なり、そして、湿潤地帯のヨーロッパにも広がっていることが分かります。南・北アメリカ、オセアニア、アフリカの熱帯湿潤地帯、東南アジア、および日本も含めた東アジアでは、搾乳がもともと行われていなかったのです。日本では、6世紀の飛鳥時代前後から14世紀の南北朝時代にかけて貴族階層の一部で利用されていましたが、一般庶民にはミルクが利用されていませんでした。毎日の生活の中でミルクがないとは、何とも寂しい食生活であったことですね。

　西アジアのシリアの内陸地帯では雨の降る量が年間で100mmほどしかありません。これは、どしゃぶりの雨の日の1日分です。おまけに乾燥地では、雨の降る雨期と雨が全く降らない乾期とに分かれています。日本では、夏に1カ月も雨が降らなければ牧草の生育に大きな影響を及ぼし、農作物も不作となります。それが、シリアでは半年にもわたって雨が降らない時期があるのです。このような乾燥した地域では作物栽培が必ずしも適していないため、家畜を飼育し、そのミルクを得ることの意義が極めて重要となっているのです（写真0-2）。

　アフリカのトゥルカナという牧畜民は、ミルクに食料の62%をも依存していると報告されています。モンゴル遊牧民も、搾乳時期には食料の半分ほどをミルクに依存しているとされています。乾燥地では搾乳の技術は、生きていくために不可欠であったことでしょう。一方、湿潤な地域では、食料の獲得手段が他にいろいろとあり、ミルクを食料として必要としてこなかったとも考えられます。カルシウムをミルクから摂取しなくとも、カルシウムが豊富に含まれる大豆や濃緑色野菜、魚介類を食べたり、あるいは炭水化物や脂質は穀物類や肉などから得たりできたのかもしれません。また、「搾乳」自体が、実は大変難しい技術だったのかもしれません。搾乳はどこででも簡単に始められるものでもなかったのです。このことについて、次に考えてみましょう。

●牧畜民は肉を食べるよりも乳製品を食べて生き抜く

　西アジアの牧畜民と生活を共にしていると、彼らが肉をほとんど食べず、毎日の多くを乳製品に頼って生活していることが分かります（写真0-3）。搾乳とは、家畜を屠（ほふ）っ

て食料を得るのではなく、家畜を生かし留め、その生産物を得ることを意味しています。搾乳の発明により、人類は家畜と「共存」して生活することが可能となったのです。また、肉を得るよりも、ミルクを利用した方が、草からの生産効率がぐんと良くなります。人類は、ミルクを利用することで、生産効率を飛躍的に高めることができたのです。これは、家畜を飼う上で、とても魅力的なことだったでしょう。ミルクの利用に意義があることを知り、人類はミルクをより多く搾るために家畜を育種・選抜し、搾乳技術を家畜群

写真0-3 牧畜民の昼食。メニューは、ヨーグルト、バター、バターオイル、砂糖、発酵平焼きパン。牧畜民は肉を食べるよりも乳製品を食べて生き抜く。シリア内陸部にて。

管理にも応用させていきます。西アジアの牧畜民はより多くのミルクを搾るがために、家畜を飼っているといっても過言ではありません。

　人類は家畜を飼い、ミルクを利用することを発明し、やがて牧畜民が誕生し、近代の畜産へと発展していくことになります。このように、搾乳の発明とミルクの加工は、人類史における一大革命であったといえましょう。私たちは毎日、当然のようにウシから搾乳していますが、搾乳にはそんな大きな歴史があったのです。そう思うと、ウシやヒツジ・ヤギに感謝しますし、ウシやヒツジ・ヤギがいつもと違って見えてきます。そのような人類の生活にとって大切で重要な乳文化に、私たちは普段から接していられるのですから、とても幸せなことですね。

●搾乳の始まり

　搾乳の開始時期は、考古学者が遺跡から土器を発掘し、その土器を有機化学者が分析した結果、少なくとも紀元前6000年代には始まっていたことが明らかにされています（図0-2）。ヒツジとヤギの家畜化が紀元前8400年ごろとされていますから、研究が進むと搾乳の開始時期はさらに早まることでしょう。搾乳は現在、約1万年前に始まったと考えられています。

　このヒツジとヤギの家畜化、そして、搾乳が開始されたのは西アジアです。西アジアが他の地域に先んじて、搾乳対象となる動物を家畜化し、家畜から搾乳したのです。そして、西アジアから家畜と搾乳がセットになって、ヨーロッパや北アジア、そして、日本などに

図0-2　西アジアの遺跡から発掘された紀元前2000年代中期の図像。ウシからの搾乳、子ウシを利用した催乳、乳加工の様子が読み取れる。搾乳の起源についての研究は、図像や土器の形態分析から有機化学的な解析（脂肪酸の安定同位体分析やカゼインタンパク質の質量分析）へと展開していった。

写真0-4 ヒツジの母子認識。母ヒツジは、子ヒツジのにおいと鳴き声を認識し、わが子のみを受け入れ哺乳させる。この母子認識があるからこそ、母ヒツジは子ヒツジを世話し、子ヒツジは生育していくのだが、逆に人間側としては搾乳（ミルクの横取り）しにくくなる。シリア内陸部にて。

広がっていったと考えられています。西アジア以外で搾乳は発明されませんでした。その理由は、搾乳という技術はどこででも簡単に開発されるやさしい技術ではなかったからです。

母畜は元来、自らの子畜のみにミルクを与えます。同じ家畜種であっても、実子以外は受け入れず、ミルクを与えようとはしません。家畜の母と子を観察していると、母畜は子畜の鳴き声と匂いを確かめ、自らの子畜であることを確認してから哺乳しています（写真0-4）。まして、家畜が異種動物である人間にミルクをたやすく与えるはずがありません。人間が家畜からミルクを横取りするために、「催乳」の技術が開発されました。子畜を最初に授乳させ、すぐに子畜を母畜から引き離し、母畜の顔辺りに子畜をつなぎ留め、人間が母畜からミルクを素早く搾り取るという技術です（写真0-5）。

特にウシ、ウマ（P.38写真3-4参照）、ラクダ（写真0-6）に認められます。搾乳の間、子畜を母畜の顔辺りにつなぎ留めておくのも、子畜の匂いと存在を通じて母畜を安心させ、泌乳を維持させる効果があるものと考えられています。私たちは、ホルスタインから当然のように日々搾乳していますが、もともとはウシから搾乳するのは大変難しいことだったのです。このような搾乳の始まりの状況を思うと、近現代の品種改良の恩恵に対して、ただただ感謝せずにはいられません。搾乳できることは先人たちの約1万年を懸けた努力の

写真0-5 ウシからの搾乳。子ウシに最初に哺乳させ、すぐに引き離して母ウシの顔辺りにつなぎ留め搾乳をする。シリア内陸部にて。

写真0-6 ラクダの搾乳。子ラクダを利用して、母ラクダから搾乳する。子ラクダによる催乳がないと搾乳できない。エチオピアのアファール牧畜民。

たまものであり、そのミルクを飲ませていただいているのは大変ありがたいことなのです。

●どのように搾乳は始まった？

　それでは、その搾乳という難しい技術は、一体どのようにして発明されたのでしょうか。文化人類学者の谷泰（たに　ゆたか）氏は、家畜の群れを人間の管理のもとで飼うようになり、母子畜の間で授乳－哺乳がスムーズに行われなくなったのが原因だとしています。つまり、母子畜の関係が危うくなったことも十分にあり得、一頭たりとも家畜を粗末にしない牧畜民は母畜から何とか搾乳し、そのミルクを子畜に与えようとした、いつしかその残乳を人間が利用するようになったとするのです。また、マーヴィン・ハリスというアメリカの生態人類学者は、栄養の視点からミルク利用の有無を検討しています。西アジアなどの乾燥地やヨーロッパでは、カルシウム源やエネルギー源としてミルクは不可欠であったので、これらの地域では乳を利用するようになったとしています。逆に、東南アジアや日本などでは、ミルクでなくともマメ類や魚介類、コメなどからカルシウムやエネルギーを十分に摂取することができるので、ミルクを利用するようにはならなかったと説明しているのです。皆さんはいかがお思いになるでしょうか。家畜を見たり、世話をしながら、遠い過去の昔を想像してみるのも面白いものです。

●なぜミルクを加工するようになったのか？─保存

　乾燥した地域では、主な家畜はヒツジとヤギです。ヒツジとヤギは、水分の要求量がウシよりも低く、乾燥により強い動物です。シリアでは、ヒツジやヤギの出産は11月から5月にかけてあります（写真0-7）。搾乳は、1月から9月にかけて行われます。このように、ヒツジやヤギは季節繁殖動物で、搾乳できない時期があるということです。大抵、搾乳する時期は草が牧野に多くある時期で、搾乳できない時期は冬などの牧野に草が少なくなる時期と重なっています。本来はウシも同様で、搾乳できない時期があります。中緯度の乾燥地帯ではウシも季節繁殖しています。

　ミルクを利用できなければ、牧畜民は生活していけません。それでは、牧畜民はどう対処しているのでしょうか。それはミルクを加工し、保存できる乳製品にするのです。ミルクの搾れる時期に十分にミルクを搾り、ミルクが搾れない時期のために加工して保存しておきます。牧畜民は、ミルクをバターやバターオイル、そして、チーズとして保存しています。チーズや野菜の漬物など、保存食はさまざまな味付けや加工の仕方で極めて多様な風味を持ち、私たちの食生活に彩りを与え楽し

写真0-7　生まれたばかりのヒツジの新生子。母ヒツジに羊膜が、子ヒツジにはへその緒がまだついている。母ヒツジは、生まれたばかりの子ヒツジの身体をなめ、身体を乾かすのと共に、歩き出すのを促す。この動作を通じて、母ヒツジは、子ヒツジの鳴き声とにおいを記憶に刷り込んでいく。シリア内陸部にて。

ませてくれます。そんな保存食も、本来の目的は「保存」にあります。もともと保存食とは、季節的に大量生産される食料を腐らせることなく、非生産時期にまでいかに備えておくことができるか、その試行錯誤の繰り返しの過程で生まれてきたものです。ミルクも同じなのです。

　ヒツジやヤギの飼養に依存した牧畜社会の形成は環境要因に大きく影響されています。しかし、ヒツジやヤギから産出されたミルクの処理は、そこに住む人びとの価値観や技術に大きく影響されています。それでは次章から、それぞれの地域での具体的な乳加工技術や乳利用を見ていくことにしましょう。

乳文化は西アジアで誕生しました。そんな西アジアで、一体どのような加工技術を用いて乳製品を加工しているのでしょうか。遠い日本に住む私たちには想像すらできません。牧畜民、そして、都市・農村の順で、西アジアの乳文化を見ていきましょう。

ご馳走1
西アジアの乳文化

写真1-1
アラブ系牧畜民の放牧。ヒツジ・ヤギに生活の多くを依存して、乾燥地という厳しい環境を生き抜いている。

西アジア牧畜民の乳文化

　西アジアの牧畜民は家畜と一緒に季節移動し、砂漠などの乾燥地帯でたくましく生活しています（**写真1-1**）。携帯する生活物資は最小限にとどめてはいますが、乳製品を長期保存が可能なものに仕上げています。シリア北東部の内部でヒツジ・ヤギを飼養して牧畜を営むアラブ系牧畜民バッガーラ部族の乳加工技術と乳製品を紹介しましょう。

●ミルクは飲まない

　搾りたてのミルクは、ヒツジやヤギの毛、コロコロとした糞がたくさん混入しています。ヒツジ・ヤギの搾乳は後肢の間から行うので（**写真1-2**）、糞が混入するのも致し方ありません。そんな糞混じりミルクでも牧畜民はいたって平気でにこやかです。ミルクを細かい網の目のザルでこしてから（**写真1-3**）、加熱沸騰して殺菌します。

　家畜のミルクに大きく依存して生活する牧畜民ですが、意外にも加熱殺菌したミルクはそのままではほとんど飲みません。ミルクをコメと一緒に煮詰めてミルク粥（かゆ）にするくらいで（**写真1-4**）、紅茶に入れて飲むこともしません。これは大人になると乳糖を分解できなくなる乳糖不耐症が大きく影響しているとも考えられます。彼らは、ミルクをチーズやバターなどの乳製品に加工してから摂取

写真1-2　ヒツジ・ヤギの搾乳。ミルクを得られる喜びで、笑顔に満ちている。

— 7 —

写真1-3 ザルを使って搾りたてのミルクからゴミを取り除く。

写真1-4 ルズ・ハリーブと呼ばれるミルク粥を食べる牧畜民。

しているのです。チーズやバターなどの加工は、ミルクからの乳脂肪と乳タンパク質の分画工程であり、乳糖を排除する工程であるとも見ることができます。

●ミルクは発酵乳ヨーグルトへ

　西アジアでは、ミルクの最初の加工を発酵乳であるヨーグルトにしているのが特徴です。ミルクを加熱沸騰して殺菌し、放置して温度が人肌にまで下ったら、前回に加工したヨーグルトの残りを少量入れます。春先なら保温のために厚手の布をかぶせて6時間くらい静置すればヨーグルトになります。バッガーラ部族はヨーグルトをハーセルと呼びます。この前回残り分のヨーグルトを発酵スターターとして何回も繰り返して使っても品質に問題はないといいます。西アジアは、夏の気温は炎天下で50℃近くにも達します。そのような暑熱環境下で、乳加工において最も重要なことはミルクの保存性を向上させることです。西アジアではその手法が、乳酸発酵によってミルクをヨーグルトにすることだったのです。ミルクからヨーグルトにするだけで保存性が断然高まります。

　ヨーグルトは牧畜民バッガーラの日々の食事で大変重要な食べ物となっています（P.3写真0-3参照）。ヨーグルトを食べると火照った身体が冷えるともいいますし、おなかがすいたらまずはヨーグルトを食べたりもします。

●バター加工は女性にとって重労働

　搾乳シーズンの間に毎日大量に加工するヨーグルトは、その多くは食べ切れないため、バターオイルやチーズに加工されます。その先駆けとしてヨーグルトをまずバターにします。シャチュワと呼ばれるヒツジの革袋を利用し、ヨーグルトを水と一緒に入れ、最後に空気を吹き込んで革袋の注ぎ口をひもで縛ります。この革袋は、ヒツジの四肢の四カ所の部分がひもで縛られた袋状となっており、頸（くび）の部分だけが自由に開閉できるようになっています。空気を革袋の中に吹き込むのは、革袋を空気で膨らませ、革袋の中でヨーグルトがよく振とうできるようにし、空気に触れた脂肪球が壊れて、バターができやすくするためです。この革袋を天井もしくは三脚にぶら下げ、朝の暗いうちから革袋を手で揺らし始めます（写真1-5）。

　バター加工は女性の仕事です。この振とう作業を苦労しながら続けていると、微小な脂

肪球が壊れ、コメ粒のような脂肪の小さな塊ができてきます。これを手で集め取ったものがバターです。バターをジブデと呼びます。振とう作業は3時間ほども要し、何回か繰り返して朝から午前中いっぱいかけて行います。クリームではなく、ヨーグルトを原料に用いているので、振とうに長時間を要すのです。女性にとって、この振とう作業は大変重労働です。革袋の中にバターが残らないように、最後に水を入れてから左右に再び振ってバターを洗い出します

写真1-5　バター加工。ヨーグルトをヒツジの革袋に入れ、左右に振って加工する。

写真1-6　振とう用革袋の開口部を開いてバター（ジブデ）を流し出す。

写真1-7　子ヒツジの革袋を用いた「冷蔵庫」。気化熱で冷たくなり、バターを保存する。

（**写真1-6**）。バッガーラのテントを春や夏に訪れると、このつくりたてのバターに発酵平焼き小麦パンと砂糖を添えて出してくれます（P.3**写真0-3**参照）。つくりたての発酵バターの爽やかさと砂糖の甘さとが調和して、それはそれは上等な味がします。「つくりたての瑞々（みずみず）しい発酵バターの爽やかさとクリーミーさ」という牧畜民のコンセプトは、日本でも十分に通用する乳製品でしょう。

　牧畜民に冷蔵庫はありません。バターをどうやって保存しているかというと、小型の革袋を利用しています（**写真1-7**）。革袋は表面から水分が蒸発しているので、気化熱で室温よりは冷たくなっています。ヒツジの皮革はバターづくりの道具にもなり、冷蔵庫の代わりにもなり、さまざまな生活必需品として使われているのです。

●乳脂肪の最終形態はバターオイル

　バターは食事にも利用しますが、多くはバターオイルに加工します。バターを加熱すると、プツプツと雨が跳ねるような音がし始めます。この音が収まったら、バターオイルの出来上がりです（**写真1-8**）。バターオイルをサムネと呼びます。バターオイルも小さい革

袋に入れて保存します。バターオイルは脂肪率が99％と高い乳製品です。プツプツという音は、バターから水分が蒸発していく過程だったのです。バターを加工する際、混ざったゴミを排除するためにコムギなど穀実を混ぜて処理することもあります。バターオイルは、いわばバターの脂肪の純度を高めた乳製品と思ってよいでしょう。

写真1-8　バターを加熱してバターオイルを加工する。（写真はエチオピアのアファール牧畜民だが、シリアの牧畜民も同様にしてバターオイルを加工する）

　西アジアは暑熱環境にある地域です。バターをいくら革袋の中でより冷たくして保存しようとしても、長くは持ちません。しかしバターオイルにまで加工すると、数年間も大丈夫だといいます。バッガーラの乳脂肪の分画の最終形態は、バターではなくバターオイルです。西アジアや南アジア（ご馳走2で説明）では、暑熱という生態環境自体がバターオイルへとさせているのです。このように、乳加工は地球の生態環境とともに発達してきた技術であると言えましょう。

●バターミルクからチーズを得る

　バターを分画した後に、大量のバターミルクが残ります。日本では粉乳にするくらいしか思いつきませんが、牧畜民はどうしているのでしょう。

　まず、そのまま飲んでいます。バターミルクを冷やして飲むのです。夏の暑い日中に牧畜民のテントを訪れ、この冷たいバターミルクを飲ませてもらうときは、いつも生き返る思いがしました。わずかな酸味で脱脂している分、あっさりとして喉ごしが大変に良いのです。いったん乳酸発酵させているので、乳糖含量も低くなっています。バターミルクに塩を加えたものが、トルコでいうアイランに相当します。飲んでみたい方は、ぜひ試してください。夏のきつい作業で疲れた身体を、素晴らしく癒やしてくれます。

写真1-9　バターミルクの加熱凝固。バターミルクは乳酸発酵を経て酸度が高くなっているので、加熱するだけで容易に凝固する。

　バターミルクからチーズもつくります。バターミルクを加熱して凝固させます（写真1-9）。バターミルクは、乳酸発酵を経て酸度が高くなっているので加熱すると容易に凝固してきます。そして、凝乳を布袋に入れて脱水します（写真1-10）。さらに水

写真1-10　ヨーグルトを布でつるして、ドライヨーグルトをつくる

分が少し残っている時点で塩を加え、小さな団子状に丸めてから、太陽にさらしてカチカチに乾燥させます（写真1-11）。この乳製品こそが、牧畜民にとっての主要なチーズとなっています。このチーズをジブン・ムネと呼びます。熟成させることなく、凝乳をすぐに乾燥させた非熟成型のチーズです。西アジアは、気温は極めて高く湿度は低いので、もともと熟成させること自体が

写真1-11　牧畜民の非熟成型乾燥チーズ。このチーズこそが牧畜民の貴重なタンパク源。

難しかったのでしょう。しかし、このチーズは何年も保存が効く優れものです。

　この長期保存が可能なチーズは、搾乳が行われない秋から冬にかけての時期に食材として利用されることになります。チーズがカチカチに乾燥しているので、水に数時間浸してから料理に用います。オリーブオイルやクミン（香辛料の一種）をかけて発酵平焼きパンにつけて食べたり、肉やコメと一緒に煮てスープにしたりします。多量の水に溶け合わせて飲用にもします。キャンディーのように口の中で転がして食べることもします。しかし、いずれも残念ながら、お世辞にも美味しいとはいえません。この非熟成型チーズは、乳タンパク質がぎっしりと詰まった乳製品です。西アジアという厳しい環境地域では、味覚の追求というより、まずはタンパク質が豊富な保存食をつくること自体が優先されていったのでしょう。

●レンネットを用いたチーズづくり

　西アジアでは、レンネットを使ったチーズもつくっています。加熱殺菌していない搾ったままのミルクに、子ヒツジの第四胃（写真1-12）の断片を少量混ぜ合わせます。胃の断片を加えると、すぐにカゼインタンパク質の凝固が始まります。凝乳を布袋に入れて脱水すればフレッシュチーズができます（写真1-13）。この凝乳酵素となる子ヒツジの第四胃について牧畜民は、草を採食しだした後の子ヒツジのでは効き目が弱いといいます。生後4、5日齢までの子ヒツジがもし死んでしまったなら、第四胃を取り出し、それに塩を振りかけて天日で乾燥させます。塩を振りかけるのは悪臭を抑えるためだといいます。子ヒツジの胃を乾燥させれば保存が効き、後は使いたい時に使うことができるのだそうです。最近では簡便さのため、近郊の町の薬局で購入した凝乳酵素パウダーを用いるようになってきました。

　フレッシュチーズを長期保存するには、チーズを高濃度の塩水で煮立てて脱水を進め、

写真1-12　乾燥保存した子ヒツジの第四胃。チーズづくりのレンネットとして利用される。

写真1-13　脱水した凝乳に塩付けする。この後、濃塩水で煮立てる。右奥は布袋で脱水される凝乳。

写真1-14　ホエータンパク質のチーズ。牧畜民は、貴重なホエーも無駄にすることはない。

石のようにカチカチにさせます（写真1-13）。とても塩辛く、とても硬くなります。レンネットを使ったチーズづくりも、味覚よりも保存が優先されていることが分かります。西アジアは、そんな厳しい生態環境の場なのです。

　ホエーも無駄にすることなく、加熱してチーズに加工しています。ホエータンパク質は熱に不安定で、加熱沸騰させると簡単に凝固してきます（写真1-14）。このチーズは少量しか取れないので、乾燥保存することなく、すぐに消費してしまいます。そのまま発酵平焼きパンと一緒に食べたり、砂糖をかけておやつ程度に食べたりしています。

　このように牧畜民の乳加工は、乳製品から次の乳製品へと次々に生まれていくのが特徴です。これを私たち研究者は、乳加工体系や乳加工系列群などと呼んで、その体系や特徴を研究しています。

西アジア都市民・農耕民の乳文化

　乾燥地、地中海性気候、石灰岩性の土壌にオリーブが茂る林。そんな西アジアの都市や農村では、いったいどのような乳製品をつくり、利用しているのでしょうか。紹介する乳製品は、筆者がシリア北西部のアレッポ市で3年間下宿した大家の家族に教えてもらったり、商店街や農村で見聞きしたりした現地経験に基づくものです。大家家族はアラブ系のクリスチャンで、農村民はアラブ系やクルド系のイスラム教徒でした（写真1-15）。

　一般的に西アジアでは、牧畜民はもとより都市や農村の人びとも、ウシよりもヒツジのミルクを尊重し、ヒツジの乳製品にとても愛着を持って

写真1-15　シリアの食文化について幅広く教えてくれた大家家族。夕食のだんらんの一時。テーブルには、チーズ、ハム、オリーブ、レタス、ピクルス、ジャム、平焼きパンなどが並ぶ。白い飲み物は、地中海地方の各地で製造される香料アニス入りぶどうの蒸留酒・アラック。

写真1-16 シリアのヒツジ。脂尾羊の品種で、粗悪な飼料に耐え、暑熱にも耐える。ヒツジのミルクは脂肪分が高く、その乳製品は人びとに特に愛される。

表1-1 いろいろな哺乳動物のミルクの成分（100g 中）

種類	エネルギー(kcal)	脂肪(g)	タンパク質(g)	乳糖(g)
ウシ	66	3.9	3.2	4.6
スイギュウ	101	7.4	3.8	4.8
ヤギ	70	4.5	3.2	4.3
ヒツジ	82	7.2	4.6	4.8
ウマ	52	1.9	2.5	6.2
ラクダ	70	4.0	3.6	5.0
ヤク	100	6.5	5.8	4.6
トナカイ	214	18.0	10.1	2.8

（出典：Jenness R.『Fundamentals of Dairy Chemistry』1999）

います（写真1-16）。羊乳でできたヨーグルトやチーズなどの乳製品の方が牛乳のものより、こってりして美味しいといいます。実際、羊乳の乳脂率は平均7.2%で、牛乳の平均3.9%よりも高く（表1-1）、価格も羊乳の乳製品の方が高いのです。食べてみると、羊乳の乳製品の方が、確かに味が濃く、まったりとして美味しく感じます。日本では羊乳の乳製品はほとんど出回っていませんが、いずれ流通する時がやってくるのでしょうか。羊乳の乳製品が流通すれば、それはプレミア乳製品として差別化され、高価な乳製品として取り扱われることでしょう。

このように、牛乳よりも羊乳の方が嗜好（しこう）性は確かに高いのですが、これから紹介する乳加工技術も乳製品も、牛乳と羊乳とでほとんど変わりありません。

●ミルクの利用

ミルクは、そのままではほとんど飲むことはありません。このミルクの不飲用は、牧畜民バッガーラと同様です。ミルクをミルクコーヒーやミルクティーにしても飲みません。大抵はヨーグルトやチーズ、バターオイルにして、もしくは、乳菓にして利用しています。

街中には、ミルクを売る乳製品屋さんがあります。ミルクを買いに来たお客さんに、ミルクをどのようにして利用するのかと聞いてみると、5kgも買っていくお客さんは家でコメのプディングのハリーブ・ウ・ルズ（P.22参照）をつくるのだと答えます。2kgくらい買っていくお客さんは子どもに飲ませるのだと、0.5kgとわずかに買っていくお客さんは老婆に飲ませるのだと答えます。ミルクが家庭で利用されるのは、プディングの材料として、あるいは子どもや老婆の栄養補給程度なのです。ですから、都市や農村に住むシリア人の大人が、ミルクを飲むことはほとんどありません。大人がミルクを利用するのは消化に良いとの理由で風邪をひいたときくらいで、ガークと呼ばれる硬パンをミルクに浸して食べたりする程度です。

●ラバン：ヨーグルト

ラバンとは現地の言葉でヨーグルトのことです。シリア人はウシよりヒツジのヨーグルトを好みます。ヒツジのヨーグルトに慣れてしまうと、ウシのヨーグルトではあっさりし過ぎて物足りなく感じ、ヒツジのヨーグルトのこってりとした丸みが美味しく感じるようになります。シリア人はヨーグルトをデザートとしては食べません。食事の一部として、

他のおかずと一緒に食卓に並べて、発酵平焼きパンですくって食べます（写真1-17、18）。

このように西アジアでは、食文化の中にヨーグルトがしっかりと取り込まれ、食が成り立っています。都市では、ヨーグルトは各家庭でミルクからつくらず、乳製品屋さんで売られているのを買ってきて利用しています。農村では、日々の食生活で必要とするヨーグルトを供給できるだけのウシやヒツジは大抵飼養しており、各家庭がそれぞれヨーグルトをつくっています。

写真1-17　ヨーグルトを中心とした朝食。大皿の上の白いのがヨーグルト。食文化の体系の中に、乳製品がしっかりと位置している。

写真1-18　ムタッバルと呼ばれるヨーグルトと焼きナスのあえ物。焼いたナスに、ヨーグルト、練りゴマ、塩であえ、最後にオリーブオイルをたらす。好みでレモンを搾る。ヨーグルトと焼きナスの味が相まって、素晴らしく美味しい。発酵平焼きパンですくって食べる。

●ラブネ：ドライヨーグルト

ドライヨーグルトは、ヨーグルトを編み目の細かい綿の袋に入れてぶら下げたり、布を敷いたザルでこしたりして、水分を排出させると（写真1-19、P.10写真1-10参照）、6時間ほどで出来上がります。ただつるしたり、そっと置いておいたりするだけなのです。ドライヨーグルトはラブネと呼ばれています。ただ、ミルクがウシかヒツジかで味覚のこってりさが、乳酸菌の種類やつるしておく際の室温と時間とで酸っぱさが異なってきます。ラブネの素晴らしさは、こってりした爽やかな風味にあります。「チーズの話」（新潮選書）の著者・新沼杏二氏は、シリア中西部のホムス市でラブネを試し、その味を賞賛しています。日本でも近年、ギリシャヨーグルトとしてブームになりましたね。

ラブネを食べる際には、乾燥粉末のトウガラシ、クミン、ミントを振りかけて、さ

写真1-19　ヨーグルトを布でつるして、ドライヨーグルトのラブネをつくる。

らに上からオリーブオイルをたっぷりとたらし、これを発酵平焼きパンですくって食べます（写真1-20）。乳製品に辛みとオリーブオイル、「そんなものが食べられるか」と思えますが味は絶妙です。まったりとしたチーズに、辛みと香辛料のキレ、香草の爽やかさ。オリーブオイルは油分の丸味を付け加えていることに等しいのです。

日本ではラブネ様の乳製品と、その利用方法はいまだ広く普及していませんが、ラブネの上等な味わい、利用法の多様さを鑑みると、必ずやブレークする乳製品でありましょう。ギリシャヨーグルトのようなデザート的な利用法だけではないのです。実際に賞味してみたい方は、ぜひラブネをつくって試してみてください。つくり方は至って簡単なのですから。

写真1-20　ラブネにトウガラシとミントの乾燥粉末を振りかけ、たっぷりとオリーブオイルをたらす。発酵平焼きパンですくって食べるが、その味は絶品。

このラブネの味は、とても濃厚で、爽やかなクリームチーズを食べている感がします。ヨーグルト同様、シリア人はラブネもデザートとしてではなく食事の一つとして取り扱っています。シリアでは、ヨーグルトやドライヨーグルトは、食事にたいそう活躍しているのです。パンによく合います。

街の乳製品屋さんでは、ラブネをゴルフボール状に丸めてオリーブオイルに漬けて

写真1-21　中央の瓶詰めのゴルフボール状の乳製品がラブネ。オリーブオイルに漬け込んで保存する。右側の瓶詰めの白い乳製品はドベルケ。上面にオリーブオイルをたらし、空気から遮断して保存する。左側はトウガラシのペーストで、料理のアクセントに多用する。

売っているのも見られます（写真1-21）。オリーブオイルに漬けておくと、ラブネが酸っぱくなり過ぎないのだといいます。この乳製品の食べ方は、ラブネをオリーブオイルと一緒に発酵平焼きパンに乗せて食べます。シリアのファストフードみたいなものですね。保存した瓶の中から取り出したら食べられます。ラブネの爽やかさとオリーブオイルのこってりさが相まって、これまた素晴らしい味なのです。

アレッポ市近郊のアラブやクルドの農村部では、羊乳でつくったラブネの一部を、長期保存用のドベルケにする家庭があります。ラブネに多量の塩を加え、煮詰めて水分を飛ばします。熱いうちに瓶に入れてふたをし、冬まで保存します。最後に上からオリーブオイルをたらし、薄い膜をつくってドベルケを空気から遮断します（写真1-21）。こうするとカビが発生しないのだといいます。冬には、水で溶かしたドベルケでクッベ（ピロシキ風肉料理）を煮たり、スープなどにしたりして利用します。ヒツジのミルクは一年中搾ることができません。また、農村部には冷蔵庫がありませんでした。ドベルケは、このような農村部で育まれたヨーグルトの保存食なのです。

●ジブン・ハドラ：フレッシュチーズ

シリアでは、つくりたてのチーズを「若いチーズ」の意味を込めてジブン・ハドラと呼んでいます。ラバン（ヨーグルト）と同様にジブン・ハドラにも羊乳製と牛乳製がありますが、シリア人はやはりヒツジのチーズをたいそう好んでいます。フレッシュチーズは2種類あり、塩を全く用いていないのをジブン・ヘルー、軽く塩漬けしたのをジブン・ハドラと呼び区別しています。

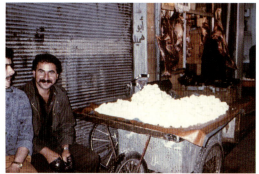

写真1-22　ジブン・ハドラ売り屋さん。ヒツジの搾乳シーズンの主に春から夏にかけての風物詩。

塩漬けの有無で利用方法が異なるため両者を呼び名で区分けしているのです。

ジブン・ハドラのつくり方は、まず搾りたてのミルクからゴミを布でこします。加熱せずに粉末状のレンネットを少量加えます。すると、たちまち固形部分と液体部分が分離してきます。この固形部分を布に入れ、数時間静置してホエーを排出します。ここでできたフレッシュチーズがジブン・ハドラです。これを豆腐くらいの大きさに切り分け、軽く塩をまぶします。都市部の多くの家庭では乳製品屋さんからジブン・ハドラを購入してきます。

ジブン・ハドラはまるで白い豆腐のように見えます。熟成が進んでいないできたての若いチーズなので、ミルクの固形分をただ固めただけの状態で、食感もクネクネしていてほとんど豆腐に近く淡白な味わいです。ですがシリア人はむしろ、このできたての若いチーズの持つ瑞々しさと若々しさを楽しんでいるのです。ジブン・ハドラだけを食べているのでしたら、ジブン・ハドラに対する特別な感覚は持たないのでしょうが、他にも幾つかあるチーズと対比することで初めて、清々しさを持つジブン・ハドラの存在が際立ってきます。また、店頭に並べられた羊乳によるジブン・ハドラは搾乳シーズン（主に春から夏にかけて）の風物詩ともなっています（**写真1-22**）。

日本でも、ナチュラルチーズの消費が根付き始めています。しかし、ナチュラルチーズ特有の味の濃さとクセが、なかなか日本人の味覚に合わず、頻繁に食べる気にならない人も多いのではないでしょうか。日本にも近いうちに必ずや、つくりたての新鮮で瑞々しい非熟成のチーズが大きく躍進する時が来ることでしょう。それまでもう少し、日本でチーズ文化が根付く時間が必要なのかもしれません。瑞々しさを楽しむフレッシュチーズが日本で流通するかどうかのポイントは、味はもとより、その価格設定にもあるでしょう。高ければ、普段手軽に利用する乳製品とは決してなりませんから。

●ジブン・ムサンナラ：長期保存用のチーズ

フレッシュチーズのジブン・ハドラを長期保存用に加工したのが、ジブン・ムサンナラです。夏に湿度が20％くらいにも下がる西アジアでは、チーズをどのようにして長期保存しているのでしょう。

ジブン・ムサンナラのつくり方は、まずフレッシュチーズのジブン・ハドラに多量の塩を振りかけます。塩を振りかけて最低48時間は待ちます。そうすると、チーズから黄色い液体のホエーがさらに抜け出てきます。ジブン・ハドラは豆腐を思わせるような柔らかさ

を持っていましたが、この時点でチーズはゴムのように引き締まってきます。塩漬けで出てきたホエーを沸騰させ、その中にチーズを入れて加熱します（写真1-23）。加熱するのは、チーズを殺菌し、そして、チーズからさらに水分を取り除くためだといいます。チーズをいったん取り出し、冷めるまで静置します。加熱したてのチーズは柔らかいのですが、冷めると固く引き締まります。煮立てたホエーが冷めると、その中にチーズを戻し、瓶に詰めて涼しい場所か冷蔵庫内で保存します。これで長期保存用のチーズ、ジブン・ムサンナラの出来上がりです。

写真1-23　ジブン・ムサンナラづくり。ホエーに多量の塩を入れ、その中でフレッシュチーズを加熱する。チーズは脱水され、冷えて固まると、カチカチの状態に。これで長期保存が可能になる。

ジブン・ムサンナラのつくりたてに、ハッペトバラケ（*Nigella sativa* の種子：ブラック・クミン）とマハラブ（サクラ属 *Prunus spp.* の種子）を振りかけることがあります。これらは、あまりきつくない香辛料の類いです。ジブン・ムサンナラは、夏から秋にかけて食べます。冬まで持たせるならば、煮立てたチーズを高濃度の塩水（生卵の半分が表面に浮く程度）が入った瓶に詰め、さらに上から塩をまぶして保存します。瓶

写真1-24　塩漬けしたチーズ。シリアではチーズを長期保存する場合、写真のように塩漬けにして保存する。

の中でチーズからさらに水分が出て、チーズが一層硬く引き締まるといいます。とても塩辛く、かつ、石のような硬さです。食べる際には瓶から取り出し、2日間くらい水に漬けて塩抜きし、柔らかくしてから食事に利用します。乾燥した西アジアのチーズの保存方法は、高濃度の塩水に漬け込む方法で発展してきたことになります。これでは、西アジアでチーズが熟成するように発展するはずもありませんね。

シリア人はこのジブン・ムサンナラを毎日少しずつ食べます。果物、野菜、紅茶、発酵平焼きパン、硬パンなど、あらゆる食べ物と一緒に食べます。特に、味気のない発酵平焼きパンと塩辛いジブン・ムサンナラはよく合います。筆者がお世話になった大家の家族の食卓にはいつでもジブン・ムサンナラが並んでいました。シリアでは、「チーズは家の必需品」とまで呼ばれています。台所に食べ物がなくなったとしても、チーズさえあれば何とかなるといいます（写真1-24）。シリアなど西アジアの都市の昼食は、肉を使ったその日一番のメーン料理となります。ですからチーズは昼食には用いられず、もっぱら朝と晩の食事に利用されています。朝晩にシリア人は、これらのチーズをいろいろな形でほとんど毎日楽しんでいるのです。

●ジブン・チラル：ストリングチーズ

シリアにもストリング（糸）チーズがあります（写真1-25）。ジブン・チラルと呼ばれています。ストリングチーズには、塩漬けしていないフレッシュチーズのジブン・ヘルーを用います。

まず、豆腐状のフレッシュチーズの塊を手でつぶします。塊が細かくなったら鍋に少しの水を張り、その中でバラバラにしたフレッシュチーズを強火で煮始めます。加熱を進めるとフレッシュチーズから乳白色の液体が出てきて、ホエーと乳脂肪を主とする液体部分と乳タンパク質を主とする固形部分が分離し始めます。加熱中はスプーンでチーズを何度も打ち返し、15分ほどで固形部分にまとまりが出て一つの塊になります。その形態は、つきたての白いねっとりとした柔らかい餅のようです（写真1-26）。

スプーンでチーズを練ると糸を引くようになるのが良い状態であるといいます。ザルの上に鍋の中身をあけ、液体部分と固形部分とを分離させます。すぐに香辛料のハッペトバラケとマハラブを表面に振りかけて、何度か打ち返してジブンの中に混ぜ込ませます（写真1-27）。そして、ねっとりした餅状のチーズを野球ボールほどの大きさに小分けします。チーズの中心に両手の親指を突っ込んで穴を空け、少し伸ばして3重くらいの輪をつくります（写真1-28）。そして、両手いっぱいにチーズを広げます。引き伸ばされて細長くなったチーズを、何重かの小さな輪にして重ね合わせます。すると、チーズの温度が急激に下がるため、次の引き伸ばしからは小さい円を広げるのにとどまります。さらに小さい円を3回ほどつくって、引き伸ばしが終了です。出来上がったチーズはストリング状になっています。引き伸ばしている途中で、両手にチーズをつかんだままチーズを何度かたたきます。こうすると、出来上がったチーズのストリングがさらに髪の毛のように細く分かれるのだといいます。とても興味深い加工法です。最後にチーズをねじり、一方の端に小さな穴を

写真1-25　ジブン・チラルのストリングチーズは髪の毛のように細い。黒く見える点は香辛料のブラッククミン。

写真1-26　ジブン・チラルづくり。適度に発酵したフレッシュチーズを加熱すると、餅のようにカードがまとまってくる。カードの周囲に、乳脂肪が液体状に白く抜け出している。

写真1-27　熱いうちに香辛料のハッペトバラケとマハラブを振りかける。

つくり、他方の端を入れてチーズをしっかりと固定します（写真1-25）。

チーズの引き伸ばしは温かいうちでないとできないので、ザルにあけてからねじり込むまでの工程を素早く行います。このストリングチーズを冷水に数分浸してから、濃塩水の中に入れ、涼しい場所か冷蔵庫に入れて保存します。ストリングチーズは、農村や牧畜の集落ではつくられず、都市部の人びとのみが各家庭でつくっています。

ストリングチーズには、塩漬けしていないフレッシュチーズを用います。塩漬けしたフレッシュチーズは決して用いません。フレッシュチーズをつぶして火にかけるときに、発酵が適度に進行していないと加熱中に固形部分が塊にならず、また伸ばしてもすぐに切れてしまうといいます。発酵してpHが5.2～5.4になると、カゼインタンパク質に延伸性が出てくる。ストリングチーズのつくり方とまさに同じやり方です。ストリングチーズづくりに、フレッシュチーズの発酵を実際にどれだけ進めるかの目安はおおよそ24時間で、発酵の様子を見てこれよりも長くしたり短くしたりします。

このストリングチーズも、塩漬けしたチーズ（ジブン・ムサンナラ）と同様に、朝や晩の食事の際にあらゆる食べ物と一緒に食べられています。特に、発酵平焼きパンに挟み加熱してサンドイッチにして、間食や子どものおやつとしても多用されています。読者の皆さんも、髪の毛のように細いストリングチーズをぜひつくって楽しまれてはいかがでしょうか。

写真1-28　熱いうちにチーズを伸ばしていく。

写真1-29　ストリングチーズ加工のために、フレッシュチーズを加熱した際に生じた乳白色の液体。乳脂肪を多く含む。

フレッシュチーズを鍋で加熱した際に、乳白色の液状部分と固形部分が分離します（写真1-26）。この乳白色の液体は乳脂肪を含んでいます（写真1-29）。クリームに近い乳製品です。シリア人はイスラム教徒もキリスト教徒も、この乳白色の液体をとても大切にしています。誕生日、クリスマス、イースター、アイード（イスラム教の祝日）などのお祝いの菓子づくりに用い、冷凍庫に入れて大切に保存しています。シリアでは、この液体部分を大切に取り扱い、特別な日のために大切に保存しているのです。日本などでストリングチーズを加工する際は、湯の中であらかじめこねてしまうので、この乳脂肪に富んだ液体は回収できません。この除外されてしまう乳脂肪を逃がさずに利用できる方法を開発できればケーキづくりなどに利用できます。そのヒントをシリアのストリングチーズづくりが教えてくれています。

●ジブン・シャングリーシュ：珍しい香辛料チーズ

ジブン・シャングリーシュという香辛料をふんだんに使った珍しいチーズが、シリアでつくられています。シリア中西部のホムス市が産地として有名で、ジブン・ソールカとも呼ばれたりします。

ジブン・シャングリーシュは、ドライヨーグルトのラブネに塩を加えて野球のボール状にし、外側に粉末状ザータル（*Thymus syriaca*：タイムの一種）、オリーブオイル、粉末状トウガラシ、塩をつけ、熟成させてつくります。熟成を意図したチーズは、西アジアではこのジブン・シャングリーシュくらいです。外見的には緑色の大きな団子のように見えます（写真1-30）。食べる際には発酵が進み、内側は何と橙（だいだい）色になっています。酵母や乳酸菌の種類については不明です。日本人の口には必ずしもなじみませんが、一見の価値ある乳製品です。チーズの開発にヒントをくれることでしょう。

写真1-30　香辛料をたっぷりと周りに塗布したジブン・シャングリーシュ。乾燥地シリアで熟成を意図しているのは、この香辛料づけのジブン・シャングリーシュくらい。

●ケシタ：シリア内陸北東部のクリーム

暑熱環境下にあるシリアでは珍しいクリームづくりが、シリア内陸北東部、トルコとの国境近くのカーミシュリー市とマルキーエ市で行われています。クリームはケシタと呼ばれています。そこではアラブ系の農民がスイギュウを飼養し（写真1-31）、水牛乳を原料にクリームを加工しています。水牛乳の脂肪率は約7.4％（P.13表1-1）もあるので、牛乳に比べクリーム加工の歩留まりがいいのでしょう。このクリームは朝食として利用されているのですが、その食べ合わせが絶妙で大変美味しく特筆に値します。

写真1-31　スイギュウからの搾乳。シリア内陸部にて。

スイギュウから搾乳したミルクを大鍋に入れてふたをし、スイギュウの糞を燃料にして加熱します。加熱して20分ほどしたら、鍋のふたを開けます。この時点で既に、ミルクの表面を泡が覆っています。ミルクをすくい上げ、鍋の中に流し落とす操作を2～3分ごとに5、6回繰り返します。加熱すること合計45分、別の平たい鍋にできるだけ高い位置から勢いよく流し落とします（写真1-32）。5、6枚の布で平たい鍋を上から覆い、さらに

おき火で加熱を続けます。2時間ほど加熱したら熱源を取り除き、そのまま一晩静置します。翌日早朝には乳脂肪が表面に浮上しています。この乳脂肪の層

写真1-32　ケシタづくり。スイギュウのミルクを加熱しながら、何度もすくい落とす。

写真1-33　ケシタと呼ばれているクリームと蜂蜜、発酵平焼きパンの朝食。

を取り出したものがケシタと呼ばれるクリームです。

　カーミシュリー市でクリームを売る店屋では、クリームの皮を3つ折りにして売っています。クリームは、口の中に入れると舌の上でとろけ、非常に爽やかな上等な味がします。カーミシュリー市の食堂では、ケシタを蜂蜜と発酵平焼きパンと一緒に出してくれます（写真1-33）。朝食時にのみ出されます。発酵平焼きパンと一緒にクリームと蜂蜜とを食べると、その上等な味と共に、力が身体に満ち満ちていく感覚を覚えます。日本で新たな乳製品の開発と利用を考えられている方なら、試してみる価値は大いにあるでしょう。

●乳菓

　ミルクをふんだんに用いてつくった菓子を、ここでは乳菓と呼ぶことにします。シリアには、大変美味しい乳菓が幾つかあります。どのような乳菓なのでしょう。ワクワクしてきます。

ハラウェ・アルージブン：伸びるチーズを使った珍しい乳菓

　ミルク、クリーム、砂糖を練り合わせておきます。この練り合わせたものをハシュウェと呼びます。ハシュウェは、チーズロールの飴（あめ）のようにして用いることになります。

　他方で、鍋に水1.5ℓと砂糖1kgを入れて煮詰め、スミードと呼ばれるコムギの胚芽を1kg加えて混ぜ合わせます。人肌くらいに温度が下がったところに、塩漬けしていないフレッシュチーズのジブン・ヘルー（P.16「ジブン・ハドラ」の説明参照）を0.5kg入れ、チーズが十分に溶けて全体に混ざるようにします（写真1-34）。この混ぜ合わさった乳製品をハラウェと呼びます。このハラウェを適量ずつ取り分け、薄く伸ばします。薄く伸ばしたハラウェを、テーブルから端が出るように乗せます（写真1-35）。扇風機で冷却しながら、後はハラウェ自身の重さで引き伸ばされていきます（写真1-36）。あらかじめ用意しておいたミルク・クリーム・砂糖の練り合わせ飴のハシュウェを薄く伸びたハラウェ

写真1-34 チーズ菓子のハラフェ・アル-ジブンづくりの一工程。フレッシュチーズを加えて、練り込んでいく。

写真1-35 ハラウェ・アル-ジブンづくりの一工程。写真のようにしておくとチーズが自然に薄く伸びていく。

写真1-36 時間がたって、チーズが伸びきった様子。

写真1-37 ハラウェ・アル-ジブン（右）とハリーブ・ウ・ルズ。どちらもシリアの優れた乳菓。

で巻いて、ハラウェ・アル-ジブンの出来上がりです。見た目は、半生ソフトミルクロールケーキのようです（写真1-37の右）。

店屋では、これを冷やして出してくれます。チーズの柔らかい優しい味がして、とても美味です。シリアの人たちは必ず砂糖水をたっぷりとかけ、とても甘くして食べています（写真1-38）。テーブルに黄色い円形の幕の

写真1-38 チーズ菓子のハラフェ・アル-ジブン。たっぷりと砂糖水をかけて甘くして食べる。

ようなものがぶら下がっているのをシリアの菓子屋でよく見受けますが、それがこのハラウェ・アル-ジブンです。日本にも西洋にもない乳菓です。これも乳製品を使った菓子の開発に多くのヒントを与えてくれるでしょう。

ハリーブ・ウ・ルズ：コメのプディング

ハリーブ・ウ・ルズと呼ばれるコメのプディングがあります。洗ったコメを、水で薄めたミルクで煮ます。初め強火で、沸騰してからは弱火で煮続けます。コメが水分を十分に吸収して大きくなり、全体にとろみが出てくれば良い感じです。人によっては2時間も3

時間も煮ることがあります。最後に、多量の砂糖を加えてでき上がりです。温かいうちに小皿に分け、数時間すると冷えて固まります（写真1-37の左）。その食感は、しっかりとした食べ応えのある砂糖ミルクみたいです。日本人には人によって好き嫌いもありそうですが、シリア人はこのコメのプディングが大好きです。シリア人は、新鮮なミルクが手に入ると、このプディングをしきりにつくろうとします。

日本では、コメをミルクで煮るなど敬遠されがちです。しかし、このコメのプディングは、コメとミルクの相性の良さを物語ってくれています。砂糖の量を調節しながら、ぜひ一度、試してみてください。コメとミルクは合うものだなと実感されるでしょう。

ムハラビーエ：甘いミルク寒天

ムハラビーエとは、ミルクに砂糖を加えて寒天状に固めた乳製品です。ミルクを30分ほど煮詰めてから、バニラ、コーンスターチ、砂糖を溶かし入れます。小皿によそって置いておけば固まります。粉砕したココナツやピスタチオを上に飾って食べます。砂糖を入れてつくらないムハラビーエもあり、代わりに上から砂糖水をかけて食べます。

ムハラビーエは、大家のご主人の好物でした。新年用にミルク味、オレンジ味やチョコレート味のムハラビーエを大量につくり、大みそかから新年にかけて食後や朝食として食べていました（写真1-39）。簡単な乳菓ですが、大家の家族にとっては年が明ける際のめでたい菓子でした。

写真1-39　テーブルに並んだムハラビーエ。シリアでは年越しに食される。

サハラブ：とろみのある甘いホットミルク

シリアでは、とろみのある甘いホットミルクがあります。サハラブと呼ばれ、寒い冬にだけ路上にサハラブ売りが現れます（写真1-40）。冷え切った身体に、サハラブは大変美味しく感じます。

サハラブとは、もともとはラン科ハクサンチドリ属の肥大した球根から抽出したスターチを指していました。このサハラブを使って、とろみのある甘いホットミルクをつくったことから、この飲み物がサハラブと呼ばれるようになったそうです。街角のスタンドで大きな鍋に入ったサハラブが、火で温めながら売られています。寒い冬には、煙を立てながら売られるサハラブが人びとの興味をそそります。一杯たったの10円ほどですから気軽に楽しめます。

写真1-40　サハラブの路上売り屋さん。温かく甘いサハラブは身体を温めてくれる。寒い冬の風物詩ともなる。

つくり方は、水1ℓに乳1ℓを加え、沸騰しかけたら砂糖250g、バニラ少々、コーンスターチ適量、サハラブ少々（添加は省略可）を溶かし加えます。シナモンを最後にたっぷりと振りかけて味わいます。寒い時、これを飲むと身体の芯から温まります。サハラブを静置しておけばムハラビーエとなります。

　日本でも冬に、街頭で湯煙をあげながらサハラブを売ると、その風情からもきっと名物となることでしょう。このとろみのある甘いホットミルクも、日本では見られず商品価値を十分に秘めています。

ヘータリーエ：アイスクリームがけミルク寒天

　シリアにはヘータリーエと呼ばれる素晴らしい乳菓があります。どこででもつくれる乳菓ですが、その乳製品の取り合わせ方が素晴らしいのです。

　ミルクを温めてバニラ風味を付け、コーンスターチを入れて一煮立ちさせます。静置して固まったら、上に水を張っておきます。小皿に、このミルク寒天を取り分け、ミルクを少量注ぎ、上からアイスクリームを乗せて食べます（**写真1-41**）。ヘータリーエ自体は生温かいので、すぐにアイスクリームが溶けて甘味と冷たさとが全体に行き渡ります。ヘータリーエは、ミルク寒天、ミルク、アイスクリームの調和を楽しむ乳菓なのです。灼熱（しゃくねつ）のシリアの夏には、大変に涼を与えてくれます。見た目にも涼しげです。

　このヘータリーエは、どこででも加工できる乳菓です。それでいて、その取り合わせ、味は逸品です。日本人の嗜好により合うように工夫を凝らし、地域で共同してこの「ヘータリーエもどき」をつくると、地域おこしの起爆剤となりましょう。どこででも平易につくれる美味しい乳菓であるからこそ、その潜在性があります。

写真1-41　アイスクリームがけミルク寒天のヘータリーエ。アイスクリーム、ミルク、ミルク寒天のハーモニーが素晴らしい。

西アジアで誕生した乳文化は、南アジアへ伝わります。南アジアは、北アジア（モンゴル）と並んで、アジア大陸の中でも最も乳文化が発達した地域です。南アジアのインドは、水牛乳を合わせると、実は現在、世界で最もミルクを生産している国です。牧畜民、そして、都市・農村の順で、南アジアの乳文化を見ていきましょう。インドの乳文化はとてもユニークで興味深いものです。

ご馳走 2 南アジアの乳文化

写真2-1
ゼブー（コブウシ）の搾乳をするバルワド牧畜民。バルワドの人たちは、カースト制度に従って、生まれたときから家畜を飼うことが決められている。

南アジア牧畜民の乳文化

　西アジアと同様に、暑熱環境にあるインドで、牧畜民はどのような乳製品をつくっているのでしょうか（写真2-1）。インドでは、ウシ、スイギュウ、ヒツジ、ヤギから搾乳されていますが、いずれのミルクも加工は全く同じです。まずはインドの牧畜民の乳文化について触れていきましょう。

●ミルクを涼しく保つ

　インドのような暑熱環境では、ミルクはなおのこと腐敗しやすくなります。そのためミルクは加熱して、すぐに殺菌します。そして、より涼しい場所に置いておくために、素焼きの壺（つぼ）が冷所づくりに利用されていたりします（写真2-2）。壺は素焼きのため内部から水分が少しずつ抜け出ていきます。水分の蒸発に伴い気化熱も放出されるため、素焼きの壺は室温よりも常に冷たくなっています。インドでは、ミルクをこの素焼きの壺に入れ、日陰のひんやりとした場所に静置し、保管している家庭が今でもたくさんあります。西アジアのシリアの牧畜民は子ヒツジの革袋を用いていましたが、同じ原理です。

写真2-2　ミルクを入れた素焼きの壺。ミルクは気化熱でより冷たくなっている。

●初乳

　初乳は、免疫系のタンパク質が豊富に含まれていることもあり、特別な取り扱いがされます。出産後、搾乳2、3回までが初乳となります。初乳をそのまま飲むことはありません。加熱してゲル化させ、砂糖をつけて食べてしまいます。砂糖を加えながら加熱する場合もあります。このゲル化した初乳は、インドでは滋養食とされ、特に目に良いとされています。牧畜民は初乳を決して売ることはありません。貴重な食べ物は、自分たちで食べてしまうのです。

●ミルクはまずヨーグルトに

　インドの牧畜民もシリアの牧畜民同様、ミルクを最初に加工する方法は、ヨーグルトにすることです。前日の残りのヨーグルトをスターターとして加え、一晩から一日静置し、ダヒと呼ばれるヨーグルトにします。インドは暑い国なので、夏にはミルクが入った容器に毛布を掛けて室温に置いておくだけで、乳酸発酵が進みます。ヨーグルトに加工する際、たいていは加熱殺菌してからスターターをミルクに加えますが、

写真2-3　インドでは、コメにヨーグルトを添えて食事にすることも多い。コメと乳製品とは、実は非常に良く合う食材同士である。

非殺菌のままスターターを加える家庭もあります。加熱する牧畜民家庭は、加熱しないとヨーグルトが水っぽくなる、また、悪臭がするといいます。
　ヨーグルトは日常の食事に多用されています。ヨーグルトは、コメ、カレー料理と密接に結び付いて、食事に利用されています（写真2-3）。ヨーグルトとコメは合わないものではなく、うまく調和する食材同士なのです。日本では乳製品の消費向上が求められています。インドでのヨーグルトの摂取の仕方は、学ぶべきことが大いにある乳製品利用法です。

●ヨーグルトをバターに

　次に、ヨーグルトを回転式の攪拌（かくはん）棒（写真2-4）と壺でチャーニングして（写真2-5）、バターにします（写真2-6）。チャーニングする時間は、ヨーグルトの量にもよりますが、おおよそ15分～1時間半ほどです。チャーニングする際、よりよくバターができるように、冬は湯を加え、夏には冷水を加えます。これは、バター加工のためのチャーニングの適温が7～13℃であるためです。牧畜民は、バター加工の適温を経験的に習得していることになりますね。何千年という経験の集積が、乳加工の端々に見受けられます。チャーニングす

写真2-4　チャーニングするための攪拌棒。回転させて使うので、先端が分枝している。

写真2-5 ヨーグルトをチャーニングしてバターを加工。インドで特徴的なのはチャーニングに回転式攪拌棒を用いること。

写真2-6 出来上がったバター。

るのに、回転式の攪拌棒と壺を用いるところが、インドの特徴です。

●バターオイル：乳製品の王様

　牧畜民がバターをそのまま食べることは、ほとんどありません。バターは決まって鍋で加熱し（写真2-7）、ギーと呼ばれるバターオイルに加工します（写真2-8）。バターオイルは、全粒粉の平焼きパンに付けたり（写真2-9）、さまざまな料理に利用したりと、インドの食文化において大変重要な食材となっています。バターオイルと全粒粉平焼きパンを手で混ぜ合わせて食べると、その深く濃厚な味わいに感動さえ覚えます。バターオイルは素晴らしい食材です。

　また、料理にバターオイルが入っていると風味と香りが増し、料理を大変美味しくしてくれます。インドは、うま味を油分で引き出す食文化の国です。ヨーグルトと共にバターオイルは日々の食事に欠かせない重要な食材となっています。インドの人びとのバターオイルに対する愛着はとても深いものがあります。

写真2-7 バターの加熱によるバターオイル加工。加熱するとすぐにプツプツといい始め、その音が収まったらバターオイルの出来上がり。加熱は数分で終わる。

写真2-8 出来上がったバターオイルのギー。出来たては黄色透明の液体だが、冷えると固まる。

暑熱環境のインドでも、乳脂肪の分画の最終形態はバターオイルです。シリアと同様に水分率を低下させることで、暑熱環境下での雑菌の増殖を抑制し、腐敗を起こりにくくしているのです。乳脂肪を保存する技術として、大変に簡便で優れた方法です。
　このようにインドの食文化においては、バターオイルは大切な保存食であり、貴重な調味料・食材となっています。

写真2-9　バターオイルを塗った全粒粉の無発酵平焼きパン「ロティ」。これに、種々のカレー料理を手で混ぜて食べる。バターオイルとロティの調和した味わいが絶品。

バターオイルの調味料としての素晴らしさと取り扱いやすさを鑑みると、バターオイルの利用はこれから日本でも必ずや普及・浸透していくでしょう。

●バターミルクは料理に

　チャーニングしてバターを収集した後に残ったバターミルクは、インドではチーズ加工に用いることはありません。バターミルクは、塩を混ぜてそのまま飲んだり、カレー料理に加えたり、ラーブディーと呼ばれる料理に利用したりしています（写真2-10）。ラーブディーは、バターミルクにひき割りトウモロコシと塩とを加え、5時間ほど煮込んでつくります。これを温かいうちに食べます。適度な酸味とわずかな塩味とがとてもおいしいミルク粥（がゆ）です。

写真2-10　ラーブディーと呼ばれるトウモロコシのミルク粥。

　興味深いことに、バターミルクは料理に用いるだけで、さらに加工してチーズにすることは決してありません。牧畜民にしては、乳タンパク質を長期保存しないのは、むしろ珍しいことです。インドには、さまざまなマメ類があり、常に手軽にタンパク質を利用することができます。また、インドは赤道に近く、ゼブーやスイギュウには季節繁殖性がなく、いつでも妊娠・搾乳が可能です。そのため常にミルクが供給されるので、乳タンパク質を保存する必要がなかったのかもしれません。
　それでは次に、インドの都市民・農耕民の乳加工技術と乳製品を紹介します。実に面白い乳製品が満載です。

南アジア都市・農村の乳文化

　インドには、ユーラシア大陸でインドにしか見られない乳加工技術が幾つかあります。

ライムの果汁でチーズを加工する、濃縮乳を加工するなどの珍しい技術がそれです。また、乳製品の菓子である乳菓も種類が大変豊富です。いずれもインドの都市・農村で発達している乳文化です。日本で、新しい乳菓を開発しようとされている菓子職人、和食と乳製品との融合を図ろうとしている開発者の方は、インドをぜひ訪問してみてください。斬新なアイデアが得られること間違いなしです。

インドの都市と農村での乳製品は、大変複雑に発達しています。最初にミルクのみを原材料として加工した乳製品を、次に砂糖やナッツ類などを添加して加工した菓子様乳製品（乳菓）について、順を追って紹介していきましょう。

●ミルクのみを原材料として加工した乳製品

ミルクの利用

これまで紹介してきたように、牧畜民はミルクをほとんど飲みません。しかし、都市や農村になるほどミルクの飲用量が増えます。インドも同じです。

ミルクは、個別契約している牧畜民や酪農業者から毎日届けられます（写真2-11）。各家庭では、配達されたミルクをすぐに加熱殺菌します。朝には、ミルク配達の自転車やバイクが街をたくさん行き交っており、ミルクが一般家庭に浸透していることが理解されます。

写真2-11　ミルクの配達。ミルクは毎朝、搾りたてが各家庭に配られる。

ミルクはまず、ホットミルクにして利用されています。比較的大きめの都市の路上には、屋台のホットミルク屋が至る所に見受けられます。殺菌と濃縮することを意図して、ミルクを加熱します。グラスに多めに砂糖を入れて、熱いミルクをたっぷりと注ぎ込みます。甘く濃いホットミルクは、身体の疲れを優しく癒やしてくれます。立

写真2-12-1　スタンドバー風のホットミルク屋さん。甘く濃厚なホットミルクが、とても美味しく感じられる。

ちながら飲むと、一層おいしく感じます。インドの人びとは、通勤前にスタンドバーで気軽に飲んだり（写真2-12-1）、夜ブラブラと歩いている際に露店に立ち寄りパンと一緒に食したりします（写真2-12-2）。この街角のホットミルク・スタンドバー、日本でも搾乳農家別に「〇〇さん家のホットミルク」とか「放牧牛から搾ったホットミルク」、あるいはブラウンスイスやジャージーなど品種別に提供したりすると、ウケるかもしれませんし、楽しくもあります。ポイントは、手軽さと安さ、そして、うま味です。

写真2-12-2　夜の露店に出現するホットミルク屋さん。　　写真2-13　乳茶のチャイ。

　ミルクは、乳茶としても頻繁に利用されています。チャイと呼ばれる飲み物です。沸騰した湯に、アッサム茶葉（茶葉が小さく丸まっており、味が強く出る）、ミルク、たっぷりの砂糖、そして、チャイ・マサラと呼ばれる乳茶用の香辛料、ショウガを加えて、乳茶をつくります（写真2-13）。チャイ・マサラを省略してつくることも可能です。ショウガを入れると、エスニックな感じが出ます。乳脂率の高いスイギュウのミルクを使っていることもあり、チャイの味は濃厚でうま味があります。インドの人たちは、食事や間食、客人へのもてなしなど、1日に7回くらいは乳茶を飲んでいます。

　さらにカレーを味付けしたコメ料理に、砂糖とたっぷりのミルクを注いで食事にすることも多いです（写真2-14の右）。コメ料理にミルクをかけて食べると味がまろやかになります。写真2-14の左側の皿に乗る茶色いザラザラした感じの料理はシーロと呼ばれる乳菓です。バターオイルにコムギの胚珠、砂糖水を入れて煮込んでいます。

　ミルクはまた、粥にも利用されています。まず湯を沸かします。沸騰した湯の中に、コメを入れて10分ほど煮ます。砂糖を加えて、コメが軟らかくなるまで数分煮込みます。コメが軟らかくなったら、ミルク、カルダモン、アーモンド、干しブドウ、カシューナッツを加えて、さらに10分ほど煮込みます。火を止めて冷めるまで待ちます。カルダモンが利いて、とても爽やかな味がします（写真2-15）。大きめの茶わん一杯でとても満ち足り、栄養がつく感じがします。ミルク粥は、お祭りのときによくつくられています。

　このように、ミルクを乳茶や料理に多用し、ミルクをそのまま摂取する量はインドでは確かに多いのです。

写真2-14　ミルクをかけたコメ料理。ヨーグルトだけでなくミルクもコメ料理によく合う。　　写真2-15　ミルク粥。

ヨーグルト

　加熱殺菌したミルクに、スターターとして前日の残りのヨーグルトを少量加えます。夏は室温で10時間ほど置いておくとヨーグルトになります。インドの人びとは、ヨーグルトが大好きで、特に夏には身体を冷やすという理由から多量に食べています。インドの街角を歩いていると、ヨーグルト屋さんに出くわします。その白さと清々しさとに引かれ、きっとヨーグルトを注文してしまうことでしょう。ヨーグルトを注文すると、目の前で小皿に一人分取り分けて差し出してくれます（写真2-16）。ヨーグルトは、その瑞々しさと爽やかさとで、脱水した身体に潤いを与えてくれます。あらかじめパックに入ったヨーグルトでなく、目の前で小分けしてくれるスタイルが面白いですね。愉快です。日本でも、観光地や地域おこしで新しい販売法になれるかもしれません。

写真2-16　街角のヨーグルト屋さん。ヨーグルトを注文すると、小分けして出してくれる。

ドライヨーグルト

　インドでは、ドライヨーグルトを盛んにつくっています。ヨーグルトを布の上にさらして脱水します。さらにその布を折り畳み、布とヨーグルト自体の重さで脱水を進めます（写真2-17）。2時間ほどそのまま置いておくと、ドライヨーグルトになります。ドライヨーグルトの酸っぱさは、置いておくのに要した時間分だけ、ヨーグルトよりも強くなっています。

　インドでドライヨーグルトをなぜ盛んにつくっているかというと、乳菓の素材として利用しているからなのです。後述のシリカンド（P.33）のところで説明しましょう。

写真2-17　ドライヨーグルトづくり。

バター、バターミルク、そして、バターオイル

　バターオイルなどへの加工は牧畜民の方法とほぼ同じです。ただ、街では容器が大型化するとか、機械でチャーニングを行うことなどが異なる程度で、乳加工技術は基本的に都市・農村でも同じです。牧畜民のバター加工のところをご覧ください（P.26参照）。

フレッシュチーズ

　インドでは、かつてはライムなどの柑橘系の果汁を用いてチーズをつくっていました。現在では、価格が安いことと簡便なことから、市販の有機酸を使ってチーズをつくっています。日本の酪農家の皆さんが酢でつくる牛乳豆腐と同じ要領ですね。

粉末の酢酸15gを水2ℓに溶かし、ホエーと1：1で混ぜ合わせて凝固剤を準備します。酢酸の代わりにクエン酸を用いることも多くあります。ミルクを沸騰するまで加熱し、この酢酸の凝固剤を加えます。すぐに凝固が始まります。布袋に注ぎ出し、布袋で凝乳を包み込み、体重をかけてホエーを排出します。これがインドのフレッシュチーズです。チェナーと呼ばれています。インドでは、フレッシュチーズのチェナーをそのままでは食べません。さまざまな乳菓に利用しています。

写真2-18　街角のフレッシュチーズ屋さん。

　また、有機酸を加えてから、機械で30分ほど強力に加圧し、脱水を進めてもフレッシュチーズをつくっています。パニールと呼ばれます（写真2-18）。このカチカチにしたパニールは、カレー料理の具材にしたり、サラダに混ぜ合わせたりと、そのまま利用されます。日本の牛乳豆腐の利用法の参考になりますね。

濃縮乳

　インドの乳製品の特徴は濃縮乳にあります。中華鍋風の大型の凹状鍋に、ウシのミルク20ℓを注ぎます。強火で終始加熱し、細長い鉄製のスプーンを用いて、焦げつかないように常に素早くかき混ぜ続けます（写真2-19-1）。1時間ほど強火で加熱すると、柔らかい固形状にまとまった乳製品が出来上がってきます（写真2-19-2）。これが、インドの濃縮乳です（写真2-20）。無糖練乳に相当します。食感は、甘く、舌にザラザラ感を感じます。ミルク20ℓから濃縮乳は4.0〜4.5kgくらいでき、回収率は20％くらいです。インドでは、この濃縮乳をマバと呼んでいます。このマバこそがインドの多様な乳菓の土台材料となり、インドの乳菓を特徴付ける存在となっているのです。

　以上が、インドで実践されているミルク

写真2-19-1　濃縮乳づくり。ミルクを強火加熱して、一気に濃縮乳をつくり上げる。

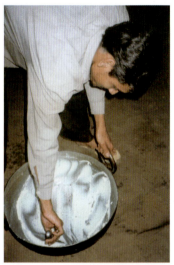

写真2-19-2　加熱濃縮が終わった状態。鍋の側壁にこびりついているのが濃縮乳のマバ。

写真2-20　出来上がった濃縮乳・マバ。この濃縮乳こそインドの乳菓の土台となる。

のみを原材料として加工した乳製品です。次に、砂糖やナッツ類などを添加して加工した乳菓について、見ていきましょう。

●乳菓

ラッシー

　ラッシー（ラッスィー）は日本でもおなじみになりました。本来のラッシーは、チャーニングしてバターを取り除いた後に残るバターミルクを用います。バターミルクに砂糖を加えて甘くしてから、冷蔵庫で冷たくします。グラスに冷えた甘いバターミルクを注ぎ、上にアイスクリーム、ナッツ、干しブドウ、バニラのエッセンス、そして、クリームなどを添え合わせてつくります（写真2-21）。日本でいうパフェに近い感じですね。ラッシーづくりは手間がかかるので家庭ではあまりつくられず、乳製品屋さんで主に供される乳菓です。

写真2-21　バターミルクを用いてつくったラッシー。パフェに近い乳製品。

　また、ヨーグルトに砂糖と氷、わずかな水を加え、ミキサーにかけてよく混ぜ、冷たく甘酸っぱくして供することもあります（写真2-22）。暑熱環境下のインドで、冷たく甘酸っぱいラッシーは、疲れた身体に元気を取り戻してくれます。大きいグラスに注がれたラッシーを一気に飲み干してし

写真2-22　ヨーグルトに砂糖と氷とを混ぜてつくったラッシー。主張性のある甘酸っぱさが絶品。

まうことでしょう。ラッシーの味は、深い甘さと酸っぱさとがうまい具合に調和し、それはそれは美味しいものです。日本人は甘過ぎない味を好みますが、ラッシーのしっかりとした甘酸っぱさは、日本人にも受け入れられる上等な清涼飲料でしょう。簡単にできますから、ぜひ試してみてください。畑仕事で疲れた後によく合います。

シリカンド：ドライヨーグルトからつくる乳菓

　ドライヨーグルトのつくり方は既に紹介しました。ドライヨーグルトを基に、シリカンドという乳菓をつくります。ドライヨーグルトにクリーム、砂糖を加えて、よく混ぜます。砂糖がよく溶け合うように、20分ほどそのままにしておきます。さらにミルクを加えて再びこね合わせ、細目の網で裏ごしします。

　この裏ごしした素材に、❶カシューナッツと干しブドウ　❷乾燥フルーツ　❸新鮮フルーツ　❹サフランとカルダモンの粉末（粗びき）　❺ナツメグの花と実の粉末―などを加えて味付けします。最後に小さく成形して、さまざまな風味の多様なシリカンドにします。

半生ヨーグルケーキのようで、甘酸っぱさがとても美味しい乳菓です。

　味付けの方法と添加物の種類は、地域や乳菓屋さんによって微妙に異なります。また、シリカンドよりミルクとクリームを多く加え、よりソフト状にしてつくった乳菓もあります。マットと呼ばれています。とても甘く、わずかな酸味を伴います。ピスタチオや果物などと合わせて食べます。

　このようにインドでは、乳製品の素材は同じでもさまざまな添加物を加え合わせることで、多様な乳菓を生み出しています。

チーズを使った乳菓

　フレッシュチーズをさまざまな形態に成形し（写真2-23-1、2-23-2）、砂糖水で煮込んで乳菓にします（写真2-24）。形態によって乳菓の呼び名が異なります。例えば、直径1.5cmの球形：クルマーニ、直径2cmの球形：ラス・ゴッラ、厚さ1cm、直径3cmの薄い楕円（だえん）形：ラス・マライ（写真2-25）などのように、形状によって約50もの種類があるといいます。砂糖水で煮込む代わりに、食べる時に濃縮乳やクリームをかけて食べることもあります。

写真2-23-1　フレッシュチーズを一つずつ手でさまざまな形態に成形していく。

写真2-23-2　形態とサイズが多様につくりだされる。いろいろな乳菓の土台となる。

写真2-24　小さく成形したフレッシュチーズを砂糖水で煮て、乳菓にする。

写真2-25　ラス・マライ。成形したフレッシュチーズにクリームをかけて食べる。

　フレッシュチーズを砂糖水で煮込んで食べるという発想は日本にはありません。とても甘い食感が特徴です。日本人には、なかなか受け入れがたい乳菓といえるでしょうがとても面白い乳製品です。

バルフィー：濃縮乳マバからつくる乳菓

　濃縮乳のマバに、砂糖水を加え、しばらく加熱し、チョコレートやピスタチオなど多様な味付けをして平たく長方形に成形すれば、さまざまな風味の乳菓が出来上がります（写真2-26）。この乳菓をバルフィーと呼びます。

　マバに砂糖水、バターオイルで煮た細切りのニンジンを入れて、よく混ぜ合わせて乳菓

にもします。ハラボと呼びます（写真2-26）。また、マバに砂糖、サフラン、干しブドウ、ナッツ類などを加えもします（写真2-26）。小円形のものが多いです。ペダーと呼びます。

　マバ1kgに、小麦粉100g、砂糖水2kgを混ぜ合わせ、直径3cmくらいの円形に成形し、油で揚げた乳菓があります。グラブ・ジャムーです。最後に砂糖水に漬けて仕上げます（写真2-27）。非常に甘く、一口二口でおなかいっぱいになる感じがしてしまいます。インドの人たちは美味しそうにむしゃむしゃ食べていますが、日本人には抵抗感のある乳菓でしょう。ただ、加工法の発想が大変に面白く参考にはなります。

　インドの街を散歩していると、平べったいお菓子や甘そうなお菓子がたくさん並んでいます。そのほとんどは、ここで紹介した濃縮乳マバでつくった乳菓です。

写真2-26　左からバルフィー2種、ハラボ、そして、ペダー。このように多様な乳菓があるが、その土台となる材料は濃縮乳のマバである。

写真2-27　グラブ・ジャムー。

ラブリー：ゲル状の濃縮乳の素晴らしい乳菓

　ミルクを加熱している途中で、ミルクの表面にできてくる皮膜を何度も繰り返しすくい上げ、鍋の側面に何度も張り付けていくこともします（写真2-28）。火を止める前に砂糖を加え、さらに数分煮ます。ミルクが少し残る状態で火を止め、1時間ほどそのまま放置し冷却します。鍋の底にわずかに残る液状の濃縮乳、鍋の側面にはゲル状で皮膜状の濃縮乳が張り付きます。この皮膜状の濃縮乳と液状の濃縮乳、それにカルダモン、スライスしたアーモンドやピスタチオなどのナッツを加えて混ぜ合わせます（写真2-29）。この濃縮乳をラブリーといいます。皮膜状と液状の濃縮乳

写真2-28　ラブリーづくり。ミルクを加熱しながら、表面にできる皮膜をすくい上げ、側面に貼付けていく。

写真2-29　加熱し終わったらナッツ類や香辛料類を振り掛け、全体を混ぜ合わせる。

のうまい混ざり具合、それにカルダモンとが調和して、とても美味しい（写真2-30）。日本の加糖練乳に似た味わいで食感が大変良いのです。ミルク10ℓに対して砂糖は0.5kgくらいでラブリーが約3kgできます。

　香辛料のカルダモンが入るため食感は爽やかです。ゲル状の乳製品で甘く濃厚で、爽やかなものは日本にはありません。皮膜状の乳製品を加工するラブリー技術は、とても興味深い加工法です。ラブリーのような乳製品の視点は、新しいジャンルを形成するかもしれません。ラブリーは、それだけのインパクトを持つ乳製品なのです。

写真2-30　ラブリーは液状とゲル状の濃縮乳が相まって素晴らしい食感。

☆　　☆　　☆

　このように、インドはユーラシア大陸の他地域では見られない乳加工技術と乳製品があふれており、アイデアの宝庫です。乳製品を開発されておられる方、何か新しい乳製品に挑戦されたい方は、ご自身で実際にインドを訪問し楽しまれてください。訪れて良かったと、きっと思われるでしょう。

　北アジアや中央アジアなどユーラシア大陸の北方域では、冷涼な自然環境の下、共通した乳加工技術や乳製品が見られます。ここでは、モンゴル国と中国内モンゴル自治区を事例に、北方アジアの乳文化を見ていきましょう。

ご馳走 3 北方アジアの乳文化

写真3-1
モンゴル遊牧民の放牧。牧童が馬に乗り、ヒツジ・ヤギ群を放牧する。写真の左奥にゲルと呼ばれる白い宿営テントが見える。

北アジア遊牧民の乳文化（モンゴル国）

　モンゴル遊牧民（写真3-1）は、かつてユーラシア大陸に大帝国を築いた人びとです。モンゴルでは、ヒツジ、ヤギ、ウシ、ウマ、ラクダを五畜と呼んでいます。遊牧のための大切な家畜です。モンゴル遊牧民は器具をほとんど使わずに草原の中で五畜からミルクを搾っています。そんなモンゴルの人びとは、どのような乳製品を加工しているのでしょう。

　モンゴル遊牧民の乳加工の特徴は、クリームをせっせと取り集めていること、チーズをつくるための凝固剤としてヨーグルトを用いていること、馬乳酒をつくっていることにあります。家畜の交尾、搾乳の方法について触れてから、順を追って紹介していきましょう。

●家畜の交尾

　交尾は全て自然交配です。ウシ、ウマ、ラクダの交尾を人が管理することはありません。しかし、ヒツジ・ヤギに限ると人が管理しています。どのようにしているのでしょうか。

　ヒツジ・ヤギの場合、400頭くらいの群れに数頭の種雄がいます。ヒツジとヤギの種雄には、前掛けを着けます（写真3-2）。フグと呼ばれています。10月中旬から11月にかけて前掛けを外して交尾を集中して行わせます。これは、妊娠5カ月後、3月中

写真3-2　交尾を制御するため種雄ヒツジにフグと呼ばれる前掛けを着ける。古タイヤを再利用している。ヒツジとヤギに限っては交尾を制御し、子畜が3〜4月に生まれるように管理している。

旬～4月中旬に子畜が一斉に生まれるようにするためです。3月中旬より早く出産してしまうと、子畜が本格的に採食を開始する頃になっても牧野の野生植物がまだ生育していません。一方、4月中旬より後に出産してしまうと、子畜が冬を乗り切るには十分に成長しないまま厳寒の冬を迎えてしまいます。野草の生育期間の短い冷涼なモンゴルですから、ヒツジ・ヤギの出産が3月中旬～4月中旬となるように交尾を管理しなければ、子畜は生き抜いていけないのです。

●搾乳する

搾乳は、気温が暖かくなり、野草の新芽が伸び始める5月下旬から一斉に始まります。ただしウマは7月に入ってから搾乳する場合が多いようです。ヒツジとヤギの搾乳は、頸（くび）をひもで一頭一頭つなぎ留めていき、後肢の間から両手で搾ります（**写真3-3**）。ウシの搾乳の場合、子ウシが催乳のために利用されます（P.4**写真0-5**参照）。まず子ウシに哺乳させて、その後すぐに子ウシを乳房から離して搾乳します。母ウシが搾乳を嫌がる場合は、両後肢をひもで縛り、母ウシの動きを制御します。ウマの場合も、子ウマにまず哺乳させてから搾乳します（**写真3-4**）。ウマの搾乳で特徴的なのは、1日に5～10回も搾ることです。ヒツジ・ヤギの場合は後肢の間から、ウシの場合は向かって左側から、ウマの場合は向かって右側からと、それぞれ搾乳する位置取りが家畜種により異なっています。家畜種によって、搾乳する流儀があるのです。

ヒツジは8月下旬頃、ヤギは11月上旬頃まで搾乳します。ミルクは年間を通しては得られません。だからこそ、ミルクをバターオイルやチーズに加工し、冬のために保存するのです。ウマの搾乳は9月下旬頃まで続けられます。馬乳酒は夏と秋の重要な食料であり、食生活の中心ともなります。馬乳のお酒が食事の中心になるなんて、皆さん想像できるでしょうか。

ウマの搾乳をはじめ、これから紹介する乳製品は日本では見られません。その技法は極めて興味深いので、その動画を「デジタルアーカイブ乳文化に関わる希少情報」（http://www.milkculture.com/index.php）に掲載しています。興味ある方はぜひ、ご覧ください。

写真3-3　ヒツジ・ヤギの搾乳。頸をひもで結んでヒツジ・ヤギが動かないようにするのがモンゴル牧畜民の特徴。

写真3-4　ウマからの搾乳。子ウマが催乳に利用される。

●ミルクからクリームを取る

　モンゴルの乳加工の特徴の一つは、最初にクリームをすくい取ることにあります。モンゴルの人たちは、ヒツジ・ヤギ・ウシのミルクから見事にクリームをすくい取っています。

　ミルクを大鍋に入れ、糞を燃料に加熱します。ミルクが沸騰し、噴き上がってくると、柄杓（ひしゃく）でミルクをすくい上げ、頭の高さくらいからミルクを大鍋の中に落とし込みます（**写真3-5**）。この作業を20回ほど繰り返すと、表面が泡で包まれます（**写真3-6**）。表面が泡で包まれると、すくい落とすのをやめ、さらに弱火で30分〜1時間ほど静かに加熱します。この加熱の間に、泡はプツプツと音を立ててつぶれていきます。竈（かまど）の上にミルクの入った大鍋をそのままにしておくと、次の朝には表面に厚さ0.5cmほどのクリームがたまっています（**写真3-7**）。クリームをウルムと呼びます（**写真3-8**）。静置場所は、表面の泡が飛ばされないように、風のない所を選びます。表面は空気に触れて比較的固い膜状になっており、全体に黄色がかっています。ミルクをすくい落としていたのは、脂肪球を壊し、乳脂肪の凝集・浮上を促していたのです。ミルクのすくい落としの作業の際、小麦粉をごく少量加える場合があります。小麦粉を加えると、表面にクリームができやすくなるといいます。

写真3-5　モンゴルのクリーム加工。ミルクを加熱しながら、何度もすくい落とす。こうすることで分厚いクリームが取れるという。

写真3-6　ミルクの表面いっぱいにたまった泡。分厚いクリームをつくるのには重要な工程だという。

写真3-7　表面にできたクリーム。一晩、静かに置くと表面にクリームが浮上する。

写真3-8　ウルムと呼ばれるクリーム。クリームはウエハース状で、しっかりと固まっている。わずかに乳酸発酵していて美味至極。

写真3-9 モンゴル遊牧民のおもてなし。揚げパンの上にクリームのウルムを乗せて出してくれる。

写真3-10 バターオイル加工。一夏分のクリームをため、秋にクリームをまとめて加熱してつくる。

写真3-11 取り分けたバターオイルのシャル・トス。常温で数年も保存が可能だという。

　モンゴル遊牧民によると、ミルクの表面に厚く泡を立てないと、厚いクリームが取れないのだといいます。その意味するところは不確かですが、モンゴル遊牧民はミルクから厚くしっかりとしたクリームを取り出すことを意識し注意を払っています。
　というのも、このクリームが大変に美味だからです。クリームは、まろやかな優しい味がし、極めて上等な乳製品です。世界に誇れる乳製品といえるでしょう。わずかに乳酸発酵しているので、サワークリームのようです。夏に宿営テントを訪問すると、揚げパンやチーズなどの乳製品の上にこのクリームが乗せられ、乳茶と共にもてなしてくれます（写真3-9）。クリームは置いておくと酸っぱくなり過ぎたり、フレッシュさが失われてしまったりするので、誠に美味しいクリームに出会い、味わうには、現地に赴くしかありません。
　また、ミルクのすくい落としが完了した際に、温かいミルクを飲むこともあります。このミルクは、ほのかに甘く、一日の疲労を優しく包み込んでくれます。就寝前に「スー・オーホ？（ミルクを飲むか？）」と聞かれたときは、とてもうれしく感じたものでした。これまで紹介してきた熱帯の牧畜民同様、モンゴル遊牧民もミルクをほとんど飲みませんが、このように就寝前に飲むことはあります。
　クリームは、バターオイルの加工にも用いられます。5月下旬から始まる搾乳とともにクリームを取り始めます。クリームを少量ずつポリタンクや木桶（きおけ）に移し取り、8月下旬頃までためていきます。ためたクリームは容器の中で乳酸発酵が進み、とても酸っぱくなっています。でも腐敗した感はありません。秋に約3カ月間ためたクリームを大鍋にあけ、大鍋の底から柄杓で常にかき混ぜながら弱火で加熱します。40分ほど加熱すると、表面に黄色のバターオイルが浮いてきます（写真3-10）。バターオイルをシャル・トス（黄色い油）と呼びます。バターオイルは柄杓ですくって小型のアルミ缶やペットボトルに移して保存します（写真3-11）。25ℓのクリームから、バターオイルは3ℓほどしか取

れません。バターオイルは常温では個体で、そのままで数年は保存が利くといいます。バターオイルは、お茶に入れたり、揚げパンに塗り付けたり、料理に用いるなどして活用します。とりわけ、乳製品の不足しがちな冬季には貴重な食材となります。

　バターオイルは、インドのギーと同じです。西アジアでもバターオイルを加工していました。いずれの地域でも、ミルクからの乳脂肪分画の最終形態は、このバターオイルです。インドや西アジアでは、ヨーグルトを長時間チャーニングしてバターオイルを加工していました。一方モンゴルでは、クリームを数十分加熱するだけで、バターオイルを得ています。バターオイルを得るために、モンゴル遊牧民の人びとは何とも少ない労力で簡便な技法を生み出したものです。日本ではクリームを直接加熱してバターオイルを加工することはありません。バターオイル加工を考えておられる読者の方は、このモンゴル遊牧民の加工技術は大変参考になることでしょう。

●スキムミルクからヨーグルト、そして、チーズへ

　ヒツジ・ヤギ・ウシのミルクからクリームを取り除くと大量のスキムミルクが残ります。モンゴル遊牧民はどのようにスキムミルクを取り扱っているのでしょう。それは、チーズにするしかありません。しかし、そのチーズ加工が多様なのです。スキムミルクはまた、毎日飲用する乳茶にも利用しますが、そのまま飲むことはありません。

　鍋に入れたスキムミルクを弱火で人肌くらいまで温め、前回の残り分のヨーグルトをスキムミルクで溶いてから少量を加えます。柄杓ですくい落としを30回ほど行ってよく混ぜ合わせます。冷めないように鍋全体を厚手の布で包み込み静置します。鍋を揺らして、ミルク全体がプルプルと弾力感を示せばヨーグルトの出来上がりです。モンゴルの夏だと3～5時間で出来ます。ヨーグルトをタラグといいます。

　タラグは砂糖をかけて食べます。酸っぱさと甘さが調和したタラグを、どこまでも続く草原の中で食べるのはなかなかにおいしく、筆者が調査したゴビ地域の遊牧の人びとは大人も子どももタラグを頻繁に食べていました。

　ところでモンゴルでは、ヨーグルトを「食べる」ではなく、「飲む」といいます。また私たち日本人は、どちらかというと朝の爽やかなときにヨーグルトを食べますが、モンゴ

写真3-12　チーズをつくるために、ヨーグルトを鍋に注ぎ入れる。

写真3-13　凝乳の脱水。ヨーグルトを加熱凝固させた後、凝乳を布袋に入れたまま1日ほどぶら下げておく。

写真3-14　フレッシュチーズの成形。袋から取り出したフレッシュチーズの塊を、細い糸で引いて薄く切り分けていく。この方が乾燥が断然に早く進む。

写真3-15　薄く切り分けたフレッシュチーズを天日に当てて（テントの上）乾燥させる。

ルでは就寝前によく飲みます。よく眠れるのだといいます。

　さらにヨーグルトは加熱してチーズにしていきます（写真3-12）。ヨーグルトを1時間ほど加熱して乳タンパク質を熱凝固させるとどろっとした凝乳になります。凝乳は、このままでは食べません。凝乳を布袋に入れてホエーを排出する（写真3-13）とフレッシュチーズになります。できたてのフレッシュチーズを砂糖と混ぜて食べたりします。フレッシュチーズの多くは保存用のチーズへと

写真3-16　左の皿の2種のチーズ（左：アロール/ホロート、右：エーズギー）と乳茶、肉片（右上）。平べったい茶色のチーズがホロート/アロール、小さな丸いチーズが濃縮チーズのエーズギー。

さらに加工します。フレッシュチーズの塊をひもで薄く切り分けて成形し（写真3-14）、天日乾燥を進めて保存用チーズにします（写真3-15）。この段階でできたチーズをホロート、もしくは、アーロールと呼びます（写真3-16）。またヨーグルトが数日経過して苦くなったりした場合も同様に、加熱・脱水してチーズをつくります。ただ、苦くなったヨーグルトからつくったホロート／アーロールはとても酸っぱく、おいしいとはお世辞にもいい難く、日本では到底ウケそうにありません。

　ホエーをさらに加工することはありません。家畜に与えたり、おなかの調子が悪い時に薬的に飲用したりします。

●ヨーグルトを凝固剤にチーズを加工

　スキムミルクのもう一つの加工法として、ヨーグルトを凝固剤にしたチーズ加工があります。モンゴルには、レンネットを使う習慣がないのです。このヨーグルトは、牛乳豆腐をつくる際の酢と同じ働きをしています。つまり、スキムミルクを酸性にして凝固を促す

写真3-17 ヨーグルトを凝固剤としてスキムミルクに入れ、加熱して凝固しているところ。

写真3-18 チーズをつくるための凝固剤のヨーグルト。ヨーグルトを数日置いて乳酸発酵を進め、とても酸っぱくさせている。

のです（写真3-17）。スキムミルクに加えるヨーグルトの割合は、スキムミルク10に対してヨーグルト1です。日数がたって酸っぱくなったヨーグルトなら柄杓1杯くらいです（写真3-18）。ヨーグルトの添加量が少なければ少ないだけ、出来たチーズは美味しいといいます。

凝乳が出来たら火を止め、布袋に入れて加圧・脱水してチーズにします。このチーズをビャスラグといいます。ビャスラグは、水分含量が高いため日持ちしません。長期保存す

写真3-19 凝乳をホエーのまま煮込んでエーズギーと呼ばれるチーズを加工する。

るには、薄く切り分けてから天日乾燥します。

また凝乳が出来た際、ホエーを取り除かずに凝乳をそのままさらに強火で2時間ほど加熱し、濃縮してチーズをつくりもします（写真3-19）。このチーズをエーズギーと呼びます（写真3-16）。エーズギーは、天日乾燥を進め、石のように硬くして保存用チーズとします。ホエーと共に加熱濃縮しているため、乳糖を多量に含んでいます。そのため焦げた乳糖によりエーズギーはキャラメル色を呈しています。乳糖を利用した面白いチーズですが、日本には同様のチーズはまだありません。興味のある方は、お試しください。ただ、美味しいとは言えないものですが…。

このようにモンゴル遊牧民は、燃料としての家畜の糞、大鍋、柄杓、布袋、糸、保存用容器だけでクリーム、バターオイル、ヨーグルト、数種類のチーズを製造し、ミルクから乳脂肪と乳タンパク質を分画・保存しています。恐るべし、モンゴル遊牧民の乳加工技術です。

●乳糖の多い馬乳を使った酒づくり

ウマのミルクは、タンパク質が2.5％、脂肪が1.9％しか含まれていないので、バターオ

イルやチーズには加工しません。その代わり乳糖を6.2％も含んでいるので、この乳糖を利用してお酒をつくっています（P.13表1-1参照）。馬乳酒です。ウマのミルクはもっぱらこのお酒づくりにのみ利用されているといってもよいでしょう。

　一日の終わりの夕方、馬乳酒加工専用の革袋にその日搾った馬乳を入れ、攪拌棒で上下に攪拌します（**写真3-20**）。革袋に少量の馬乳酒を残しておき発酵スターターとします。攪拌は2,000～3,000回も行います。馬乳は革袋の中で攪拌・静置され、翌朝にはわずかに酸味を呈するお酒となっています。攪拌するだけで馬乳酒ができるのです。時間がたつにつれて酸味が増します。馬乳酒をアイラグと呼びます。「アイラグを飲むか」とモンゴル遊牧民に勧められた時はいつも「やった！」と、ほほ笑んだものです。

写真3-20　馬乳酒づくり。

　馬乳酒は、たいていはその日のうちに消費します。アルコール度数は1％ほどですが、酒である以上、飲み続けていると高揚してきます。夏、モンゴル遊牧民は朝から馬乳酒を飲み続けます。夏に遊牧民のテントを訪れると、丸太のような腕っ節の彼らに絡まれることもあり大変です。でも馬乳酒は、モンゴル遊牧民にとって貴重な食料です。馬乳を搾れる間は、このアイラグを友や客人、家族と朝から一日中飲み続け、

写真3-21　馬乳酒を蒸留酒にもする。客人が銀のちょこで無色透明の蒸留酒をうれしそうに飲もうとしている。中央の白い筒が蒸留装置。

共に喜び笑い、短い夏の恵みを享受します。何ともうらやましいモンゴル遊牧民の夏の楽しみですね。

　モンゴルの多くの地域では、このどぶろく状の馬乳酒から蒸留酒もつくります。蒸留方法は、馬乳酒が入った大鍋に、木製あるいはプラスチック製の筒をかぶせ、水の入ったたらいをその上に乗せてふたをします。水が入ったたらいのすぐ下方に、小さな容器をひもでつり下げます。加熱すると、沸点の低いアルコールが主に蒸発し、水の入ったたらいで冷やされ、蒸留酒が水滴となってすぐ下につり下がっている容器にたまる仕組みです。得られた蒸留酒はシミーン・アルヒと呼ばれます。アルコール度数は10％前後になります。友人と久しぶりに再会した際などに、この貴重な蒸留酒を飲み交わします（**写真3-21**）。ミルクから蒸留酒を加工しているなんて驚きです。

☆　☆　☆

　モンゴルは、そこを後にする時、遊牧民の温かさ、笑顔、人情が心に込み上げ、また訪ねたいと思われる国です。そしてまた、あのクリームが食べられ、馬乳酒や乳茶が飲め、近況を語り合えるかと思うだけで、楽しくなってきます。皆さんもモンゴルを訪ねてみてはいかがでしょうか。

北アジア定住遊牧民の乳文化（中国内モンゴル）

カルピス㈱の創業者として知られる三島海雲先生が心身を癒やし、カルピスの発想を得た地が、内モンゴルです。実は、内モンゴルでは遊牧民はほぼ定住化しています（**写真3-22**）。これは中国政府の土地分配政策の結果です。ここで紹介する家族は、ホルスタインを5頭飼養し、飼料用にトウモロコシを栽培する定住モンゴル農牧民です。そんな定住家族もかつては、ヒツジ・ヤギを合わせて50頭、ウマ7頭、在来牛30頭を飼養して、季節移動していたといいます。ヒツジ・ヤギはホルスタイン

写真3-22　定住モンゴル農牧民のウシと定住住居。現在のモンゴル遊牧民は、ほぼ定住化し、飼料をつくるために農業を始め、数頭のホルスタインを飼うように変化している。

5頭を導入するために1989年に売却、ウマはトラクタを購入するために2002年に売却、在来牛は息子3人を大学に送り出すために全て売却してしまいました。息子たち3人は現在、地方都市で会社勤めをしています。

このように内モンゴルでは特にこの30年間、社会が激動しています。ここで紹介する乳加工技術や乳製品も、巨大乳業企業による集乳など近現代の社会変化を受けて、昔と比べると簡略化したものとなっています。

●サワークリームと自然発酵ヨーグルト

搾乳したミルクを加熱殺菌することなく、きれいに洗浄しておいた容器に入れます。比較的涼しい場所で、そのまま静置します（**写真3-23**）。静置には、気温が15℃前後になるような場所を注意深く選ぶといいます。暑過ぎるとクリームが十分に浮上せず、寒過ぎると下層にできるヨーグルトがゲル状にはならないのだそうです。大抵は朝に搾乳し、一日静置し、翌朝に表面に浮上したクリームをすくい取ることになります。このクリームをウルムと呼びます。このウルムはわずかに酸味を呈し、サワークリームとなっています。モンゴル国と同様にサワークリームがおいしいことは言うまでもありません。内モンゴルの人びとは、サワークリームを乳茶に入れたり、アワと混ぜて食べたりしています。

ウルムは布袋に入れて脱水させながら保持します（**写真3-24**）。サワークリームを3日以上は溜めません。3日を過ぎると、臭いが悪くなり、味も低下してしまいます。

写真3-23　サワークリームづくり。搾ったままのミルクを、そのまま一日静置してサワークリームをつくる。

写真3-24　サワークリームの保持。布袋に入れて脱水させながら保持する。

写真3-25　自然発酵ヨーグルト。サワークリームをすくい取った後に、ヨーグルトが出来上がっている。

写真3-26　自然発酵ヨーグルト。

この脱水したサワークリームは、加熱してバターオイルへと加工します。バターオイルにしてしまえば、1年以上の保存が可能となります。

クリームを取り除いた後、下層に残っている大量のスキムミルクはヨーグルト化して固まっています（写真3-25）。この自然発酵ヨーグルトをウースン・スー（固まった生乳）と呼びます。暑い時期に、このわずかに酸味を帯びたヨーグルトを食べるのは、家畜を飼う人びとにとっての夏の楽しみともなっています（写真3-26）。三島海雲先生は、このヨーグルトに砂糖を混ぜて飲んだのかもしれませんね。

●自然発酵ヨーグルトをチーズに

自然発酵ヨーグルトは、チーズをつくる原料ともなります。ヨーグルトを大鍋に入れて強火で加熱して凝乳にし（写真3-27）、生じるホエーは柄杓で取り除いていきます。加熱している間はずっと柄杓で凝乳を練ります。練っている間に凝乳は粘性を帯びて一つにまとまってきます。その状態は、まるでつきたての餅のようです（写真3-28）。レンネットは使いませんが、凝乳を練る加工法と性状からモッツァレラチーズに似た乳製品です。

この一つにまとまった凝乳を型に入れ、日陰で乾燥させます（写真3-29）。ここでできたチーズをスーン・ホロートと呼びます。モンゴル国のチーズ加工とは、ずいぶん異なっています。乾燥させたスーン・ホロートは、熟成させていないこともあり、美味しいとはあまり言えない乳製品です。

写真3-27　ヨーグルトの加熱。ホエーをすくい取りながら、凝乳を煮詰めていく。

ご馳走3　北方アジアの乳文化

写真3-28　凝乳を加熱しながら何度も練ると、凝乳はまとまって、餅のように粘り気が出てまとまってくる。

写真3-29　餅のようにねっとりした凝乳を小分けし、型に詰めて成形する。これを日陰で乾燥させてチーズにする。

●モンゴル国と共通した乳加工も

　先に紹介したモンゴル国と共通したチーズ加工も行っています。ミルクをすくい落としクリームを加工します（P.39**写真3-5参照**）。美味しいものは、広くつくられるものです。スキムミルクからはヨーグルトを加工します。ヨーグルトは冬まで長期保存します。保存したヨーグルトは、冬にアワとともに食したりスープにしたりして食べます。ヨーグルトは、食べ物の乏しくなる冬の貴重な食材となっています。

　ヨーグルトは長期保存するため、とても酸っぱくなりますが、そのまま置いておくだけで長期保存が可能です。ただ冬まで保存するために、ヨーグルトの加工は立秋になってからの約1カ月間のみ行うそうです。日本の賞味期限とは別次元の保存期間ですね。

●忘れ去られる危険性に直面

　現在の内モンゴルでは、ヨーグルトを加熱・凝固・脱水・乾燥させて（P.41～42**写真3-12、3-13、3-14、3-15、3-16参照**）チーズをつくってはいません。社会変化の中で継承されなくなってきたのです。馬乳酒づくりももう行われていません。何千年と培われた乳文化が、近年の社会変化により、その多くが忘れ去られる危険に直面しています。完全に忘れ去られる前に、ぜひとも伝統的な乳文化を継承して、将来につなげていってもらいたいものです。

COLUMN

　ここで、モンゴル遊牧民の代表的な料理を紹介しましょう。
　家畜を屠（ほふ）ると、最初に料理されるのが内臓料理のゲデスニー・ホールです（**料理1**）。内臓は腐りやすいので、最初に料理されるのです。肺、心臓、肝臓、小腸・大腸（中に家畜の血や脂肪などが詰められています。野生のネギを加え合わせたりもします）などがそのままゆでられ、洗面器のような大きな碗（わん）に盛られて供されます。これを各自がナイフで思い思いに切り分けて、食べていきます。内臓料理はなくなるまで数日続きます。内臓料理が一段落したら、次はゆで肉のチャンスン・マハとなります（**料理2**）。骨付きの肉の塊が皿に盛られて出され、ナイフで削って食べます。ゲデスニー・ホールもチャンスン・マハも、その豪快さに圧倒されます。モンゴル遊牧民の生活の醍醐味（だいごみ）を感じる時です。
　家畜のみを飼って生活しているモンゴル遊牧民といえども、ミルクや肉だけでなく、小麦粉やアワなどの穀類も食べています。**料理3**は、肉うどんのゴリルタイ・ショルです。小麦粉から両手で練り上げて麺をつくりあげます。具は肉だけ、味付けは塩だけですが、とても美味な肉うどんです。肉そのものが素晴らしい味なので、塩だけで十分です。特に、馬乳酒を飲んだ後のゴリルタイ・ショルは素晴らしい。ただ、こね上げる前の牧畜民の両手は真っ黒でしたが、こね上がった時には両手が真っ白にキレイになっているのには、さすがに閉口してしまいますが。肉うどんのゴリルタイ・ショルを、焼きそば風に炒めると、肉入り焼きうどんのツォイバンになります（**料理4**）。これもモンゴル人に人気のある料理です。ニンジンやタマネギなどの野菜が入ることもあります。
　料理5は、アワと肉のスープのシャル・ボダータイ・ツァイです。クリームを取った後のスキムミルクが使われています。料理するのが簡単で、水分も適度に摂取できるので、遊牧民は比較的よくつくります。**料理6**は、肉とコメのチャーハンのツァガーン・ボダータイ・ホーラガです。油にバターオイルを使うと、味と香りをいっそう引き立ててくれます（現在は、市場から買ってきた植物油が遊牧民世帯にも普及）。最近ではコメをよく食べるようになりましたが、昔はアワを食べることの方が多かったといいます。
　料理7は、蒸し肉まんのボーズです。小麦粉を練って伸ばし、皮をつくります。中に細かく刻んだ肉を入れて包み、蒸し上げます。味付けは塩だけです。熱い肉汁を吸いながら食べるボーズも、素晴らしくおいしい料理です。野で摘んできた野生のネギを入れても味を引き立ててくれます。手の込んだ料理なので、大切なお客さんを迎えた日や旧正月などの特別な日によくつくります。このボーズを、平べったく形づくり、蒸さずに家畜の脂で揚げたのが、揚げ肉まんのホーショールです（**料理8**）。内臓料理が残った際、肉の代わりに内臓を具にしてホーショールをつくったりもします。ホーショールも、遊牧民にとても人気のある料理です。
　8つの代表的な料理を紹介しましたが、どれも美味です。肉自体がうまいので、料理が美味しくなるのも当然です。モンゴルを訪ねた際には、ぜひ挑戦してみてください。

ご馳走3　北方アジアの乳文化

料理1　ゆでた内臓のゲデスニー・ホール

料理2　ゆで肉のチャンスン・マハ

料理3　肉うどんのゴリルタイ・ショル

料理4　肉入り焼きうどんのツォイバン

料理5　アワと肉のスープのシャル・ボダータイ・ツァイ

料理6　肉とコメのチャーハンのツァガーン・ボダータイ・ホーラガ

料理7　蒸し肉まんのボーズ

料理8　揚げ肉まんのホーショール

標高3000mの高地がユーラシア大陸の中央に雄大に広がっています。チベット高原です。総面積約250万km²、実に日本の約6倍。皆さん、世界地図を広げて見てください。その広大さが分かることでしょう。このような広大な高地で、チベットの人びとが高地に適応した大型家畜のヤク、そして、農作物のオオムギに支えられて生活しています（写真4-1）。素朴な食生活ですが、心の豊かな生活。あくせく急がず、人と人とのつながりを大切にし、助け合って暮らすチベット牧畜民。乾燥した地域の乳文化、湿潤な地域の乳文化の順に、チベット高原の乳文化を見ていきましょう。

ご馳走 4 チベット高原の乳文化

写真4-1
ツァンパと呼ばれるオオムギを炒(い)った粉と塩バター茶。チベットの人びとの生活は、乳製品とオオムギに大きく支えられている。

乾燥したチベット高原の乳文化

乾燥したチベット高原の乳文化として、中国チベット自治区・青海省からインド北部の高地にかけての地域を取り上げ、その乾燥した高原で家畜と共に生活を営むチベット系牧畜民（写真4-2）の乳文化を紹介しましょう。

写真4-2　チベット系牧畜民の家族。日本人と同じモンゴロイドなので、どこか日本人と似ている。男性も女性も、たくさんの宝石を身に付けている。財産は身にまとうのである。女性の民族衣装がかわいい。

●搾乳する

ヤク、ヤクとウシの交雑種のゾ（雄）・ゾモ（雌）と呼ばれる大型家畜、ヒツジ、ヤギを飼養して、そのミルクや肉を利用して牧畜民の生活が営まれています。ヤクは、高地の寒冷地帯に適応したウシ科の家畜です（写真4-3）。頸から腹にかけて長毛で覆われています。冬の寒さは厳しいのですが、−40℃でも耐えられます。しかし、逆に15℃前後になると暑がります。ゾモは、雑種強勢でミルクがヤクより多く出るようになるため、チベット系の人びとに好まれています（P.56写真4-15参照）。

搾乳は、夜明け時か日没時に行います。ヤクの群れからの搾乳は1年中可能だそうです

が、乳量が多いのは草原に野草がたくさんある7〜8月にかけての夏の間です。ヤクはそのままではミルクを出してくれません。最初に30秒から1分、子畜に哺乳させ、その後、子畜を引き離して搾乳します。その光景を見ていると、搾乳とはまさにミルクの横取りと思えます。ホルスタイン種がいかに搾乳に適したように品種改良されているかが分

写真4-3　ヤク。高地の寒冷地帯に適応したウシ科の家畜。

かります。ヒツジ・ヤギの搾乳は5〜9月にかけてです。ヤクは側方から（**写真4-4**）、ヒツジ・ヤギは頸をひもで縛って、後肢の間から搾乳します（**写真4-5**）。もちろん、手で1頭ずつ搾っていきます。多頭数を搾るので、搾乳に2時間ほどかかり重労働です。ミルクは貴重な食料源になりますから丁寧に搾っていきます。ヒツジ・ヤギの頸をひもで縛る方法に、北アジアのモンゴルの影響が認められます。

写真4-4　ヤクの搾乳。ヤクの搾乳では、最初に子畜に哺乳させてから、搾乳を行う。母畜は地面に張られたロープにつなぎ止められて、動きが制御されている。

写真4-5　ヒツジの搾乳。頸をひもでつなぎ止めて固定してから搾乳する。北アジアのモンゴルも同様に搾乳を行っている。後方に見えるのはヤクの毛でできた宿営テント。天幕式の宿営テントは西アジアに主に見られる。

●まずヨーグルトに

　ミルクはまずヨーグルトにされます。ミルクをヨーグルトにして保存性を高めるのは、西アジアからの影響と考えられています。**写真4-5**の背後に写る天幕状テントも西アジア式です。テントはヤクの毛でできています。
　ミルクをオマと呼びます。ミルクは、たいてい加熱してから、チャーニングした後に残ったバターミルク、もしくは、前日の残りのヨーグルトを少量加えます。保温するために全体を布で覆って、2〜3時間ほど静置して、ヨーグルトに加工します。ヨーグルトをショと呼びます。ヨーグルトは、はったい粉（香煎＝こうせん：ムギ、コメなどを炒ってひいた粉）に類するオオムギ炒粉（いりこ）（**写真4-1**）やコメなどと一緒に食べ、毎日の重要な食材になっています。また、ヨーグルトに砂糖をかけて食べることも多いです。ヨーグ

ルトの適度な酸味と砂糖の甘さとが調和し、疲れた心身を癒やす感じがしてとてもおいしいものです。チベット高原の清らかな風に溶けていきそうです。食は情景の中で利用されるものです。私たちも日本のそれぞれの場で、乳製品が利用されるシーンを想像しつつ、乳製品を開発していきたいものです。

●ヨーグルトからバターへ

　ヨーグルトを、木桶（きおけ）と攪拌（かくはん）棒（**写真4-6**）、もしくは、ヤギの革袋（**写真4-7**）でチャーニングし、バターを加工します。木桶と攪拌棒は北アジア・中央アジア、革袋は西アジアからの影響です。青海省では、木桶の上部が突き出して襟巻きのようになっているのが特徴的です（**写真4-8**）。ヒマラヤ山脈東部南斜面のインド北部でも、襟巻きがついた木桶が用いられています（P.57**写真4-16-1**参照）。チャーニング中に、攪拌棒を入れる穴からヨーグルトが吹きこぼれにくくしています。インド北部では、木桶と回転式攪拌棒（**写真4-9**）とでチャーニングします。これはインドの影響です。チャーニングする道具も、いろいろあって興味深いです。

　チャーニングの途中、バター粒が形成されているかどうかを確認するために、何度か中をのぞき込みます。バター粒が十分に形成されていない場合は、冷水を入れ、さらにチャーニングを繰り返します。冷水を入れるのは、冷却することで乳脂肪の結晶化を促し、バター

写真4-6　チャーン：木桶と攪拌棒。

写真4-7　チャーン：革袋。

写真4-8　チャーン：襟付きの木桶と攪拌棒。

写真4-9-1
チャーン：木桶と回転式攪拌棒。

写真4-9-2
チャーン：回転式攪拌棒。

写真4-10　出来上がったバター。右側の白色はヤク、左側の黄色はヒツジ・ヤギのミルクからつくったバター。家畜の種類で色合いが違う。

粒の形成を促すのでしょう。

　バター粒が十分に生成したら、手でバター粒をすくい取り、バター粒を冷水の中でもんで4～5分ほど洗浄してから、円形の塊に成形します。加塩することはありません（写真4-10）。数日間、そのまま静置して乾燥を促してから、木箱やヤクの革袋や胃袋の中に入れて冬用に保存します（写真4-11）。バターをマルと呼びます。バターをバターオイルへと食用に加工することはありません。チベット高原は夏でも月平均気温が15℃前後と冷涼なので、バターのままで保存が長く効くのです。

　バターも重要な食材となっています。毎日何度も飲む塩バター茶づくりに利用したり、オオムギ炒粉に混ぜて食べたりします。特に冬の貴重な脂肪供給源となっています。

写真4-11　ヤクの胃袋に入れたバター。チベット高原は冷涼なので、バターを家畜の胃袋などに入れておくだけで長期保存が可能。

●バターミルクからチーズへ

　バターミルクは、そのまま飲用することはありません。バターミルクは、チャーニング終了後、すぐに加熱沸騰させ、チーズへと加工します。加熱沸騰後、火から外してバターミルクの温度が冷めるまで1～2時間ほど、そのまま静置しておきます。そして、木で編んだザル、もしくは、布に注いで脱水します。凝乳は、手で小さく砕いてから天日に並べて乾燥させます（写真4-12）。この天日乾燥したチーズをチュラと呼びます。チュラは、日常の食事に利用するとともに、革やナイロンの袋に入れて冬まで大切に保存します。チベットの人びとにとっては、とても貴重なタンパク質源です。

写真4-12　チュラの加工。バターミルクを加熱・凝固・脱水し、小さく粉砕して、天日乾燥させるだけで、長期保存のチーズができる。このチーズは非熟成型。

　ホエーは人が飲むことはほとんどありません。捨てるか家畜に与えてしまいます。

●必要最小限の乳加工技術

　他にも、クリームを分離したり、ヨーグルトを凝固剤にして牛乳豆腐をつくったりしますが、チベットの人びとにとっての主要な乳加工は、ここで紹介したバターとチーズにあります。乳酸発酵、撹拌／振とう、加熱凝固、脱水、天日乾燥だけを利用した技術ですが、ミルクから乳脂肪と乳タンパク質の分画・保存ができています。簡単とも思える技術ですが、ミルクを加工し、食生活を成り立たせるだけの必要な技術がそろっているのです。道具類も、桶、チャーン、保存用に用いる家畜の皮革や胃袋、加熱凝固用の鍋、ザル、天日乾燥用のシートくらいです。西アジアや北アジアの牧畜民も、このような必要最小限の乳

加工技術や道具を上手に生かし、乳製品の加工・保存を行っていました。本来の乳加工技術は、このような素朴なものなのです。

●ツァンパ：チベットの人びとの乳利用

オオムギ炒粉はチベット語でツァンパと呼ばれています。ツァンパは朝食、昼食、晩食と一日に三度食べられることもあるほどです。それほどチベットの人びとにとって重要な食事です。ツァンパは、オオムギ炒粉に、チーズのチュラ、塩バター茶を注いで、手で練って食べます（写真4-13）。茶碗（ちゃわん）一杯でおなかに十分重くたまります。

写真4-13
ツァンパを食べる子ども。炒ったオオムギ粉に塩バター茶、チーズを混ぜて手で練って食べる。ツァンパはチベットの人びとにとっての重要な食事。

チベット高原のようなあまり食料生産性が高いとはいえない場所で、毎日々々、このツァンパを食べ、チベット系の人びとは家畜と共に暮らしています。その食は、塩バター茶、チーズ、オオムギに大きく支えられていると言えましょう。乳製品が人びとの暮らしを支えているのです。決して多品目を食べてはいませんが、彼らからは豊かさを感じさせられます。私たちも、どのようにすれば乳製品と共に在り、豊かな生活を送ることができるのでしょうか。そのヒントは、チベット系の人びとの謙虚な生活が教えてくれています。

湿潤なチベット高原の乳文化

写真4-14　天空の町。鮮やかな空、緑の森と草、澄んだ空気に包まれる世界が、標高3000～5000mのヒマラヤ山脈東部南斜面の湿潤な地域に広がる。

世にも不思議な酵母熟成チーズの料理法があります。驚きの酵母熟成チーズのスープ。場所は、インド北東部、ヒマラヤ山脈東部南斜面の標高3000〜5000mの高山地帯です（写真4-14）。湿潤地帯のチベットの紹介です。そこには、チベット系牧畜民のブロックパと呼ばれる人びとが、ヤク（P.52写真4-3参照）、ヤクとウシの雑種のゾ（雄）・ゾモ（雌）と呼ばれる大型家畜を飼養して、そのミルクを搾って生活を営んでいます（写真4-15）。標高3000m付近では、夏でも最高気温が20℃前後と冷涼です。また、湿度は年中80〜

写真4-15 ゾモ（ヤクとウシの雑種）からの搾乳。植生の極相は森林である。奥にモミ林が広がっている。湿潤な自然環境にあり、背後が霧のためにぼやけている。搾乳は家畜の向かって右側から行う。家畜にはザンと呼ばれる雑穀粉が給与されている。搾乳者は小椅子に座りながら両手で搾乳する。

90％前後もあり、居るだけで身体がジメジメしてきます。このような冷涼湿潤な山奥だからこそ、熟成チーズづくりとその利用法が発達しているのです。乾燥した西アジアで誕生したチーズ（非熟成）の文化が、湿潤・冷涼なチベットに至って新しい文化の発展が起こったのです。では、どのような乳文化なのでしょうか。

● ミルクをまずヨーグルトに

　ヤクやゾモから搾乳したミルクには、毛や虫などがたくさん混入しています。ですので、搾ったミルクはまずザルなどでこします。このミルクを囲炉裏（いろり）の脇に置いて、じわじわと温めます。沸騰させて殺菌することはしません。ミルクが人肌くらいになると、前日のヨーグルトの残りを少量加えます。布などで覆って保温し、囲炉裏のある部屋でそのまま10時間ほど静置しておけばヨーグルトになります。標高が高く気候が涼しいので、ヨーグルトへと乳酸発酵が進んでくれるように、簡易方法で保温が心掛けられています。ヨーグルトは朝にそのまま食べたり、砂糖をかけて食べたり、たまに米飯にかけて一緒に食べたりもします。ただし、牧畜民ブロックパの乳製品利用はヨーグルトよりも、むしろ後述する酵母熟成チーズにあります。

● ヨーグルトからバターを

　ヨーグルトからはバターが加工されます。ヨーグルトにミルクを加えて木桶に入れて攪拌棒で上下にかき混ぜます（写真4-16-1）。1時間半ほどかき混ぜると、表面にバター粒が浮上してきます。バター粒は、木さじですくい取り、木さじで練りまとめてバター塊とします（写真4-16-2）。
　攪拌は全身を使った上下運動となるため、とても重労働で息を切らせながら休み休み行

います。高地ですから酸素は、低地の2/3ほどしかありません。木桶のふたは、攪拌棒を通すだけの穴が空いていて、攪拌作業の間にヨーグルトとミルクとが外に飛び跳ねないように工夫されています。

バターは、水洗によりタンパク質などを取り除くことなく、塊のままで取り分けておきます。このままでは20日間ほどしか保存できないのですが、家畜の皮革で包めば長期保存が可能であるといいます（写真4-17）。冷涼な地帯だからこそ、水分含量の低いバターオイルにしなくとも、バターで長期保存が可能となるのです。ヒマラヤ山脈東部山岳地帯の冷涼な自然環境を上手に利用しています。

写真4-16-1 バター加工のための攪拌。ふた付きの桶にヨーグルトを入れ攪拌棒で上下にかき混ぜる。

写真4-16-2 攪拌が終わると、ふたを利用して木さじでバターを集める。

写真4-17 皮革に包んだ保存用のバター。バターは、そのままでは20日ほどしか保存できないが、家畜の皮革で包めば1年以上も保存が効くという。

●バターミルクからチーズを

バターをすくい取った後に残るバターミルクから熟成チーズがつくられます。バターミルクは、囲炉裏でゆっくりと加熱し、乳タンパク質を凝固させます（写真4-18）。凝乳は竹ザルに注いで、チーズとホエーに分離します。チーズは石などの重しをせず、竹ザルの上にそのまま翌朝まで静置し、自然に脱水させます（写真4-19）。このチーズはチュラと

写真4-18 バターミルクの加熱・凝固。暖を取りながら、囲炉裏の脇でゆっくりと凝乳にしていく。

写真4-19 凝乳の脱水。竹ザルを用い、自重により自然に脱水させていく。右手に出来上がったヨーグルトが見える。

呼ばれます。

　チーズを長期保存させるには、チーズを囲炉裏の上に置いて、薪から出る煙でいぶします（写真4-20）。脱水を進めるとともに、薫煙による保存性の向上を狙った加工です。この脱水と薫煙の間に、湿度が80〜90%もあるので、表面に酵母が1日か2日で増殖し始めます（写真4-21）。チーズを薫煙しても、内部には水分が多く残っていますから熟成が進んでいきます。酵母を利用した熟成チーズは、アジア大陸において今まで他にほとんど報告されていません。この酵母熟成チーズこそが、インド北東部ヒマラヤ山脈の湿潤地帯を特徴付ける乳製品であると共に、世にもまれな乳製品ということになります。そして、次に紹介する酵母熟成チーズの料理法こそ、われわれを驚かせてくれます。それは、アジア湿潤地帯とアジア乾燥地帯の文化の融合の産物なのです。

写真4-20　薫製チーズづくり。チーズを長期保存するには、チーズを囲炉裏の上に置き、薫煙と脱水を促し、チュラ・ガンブと呼ばれるチーズに加工する。薫煙により表面は茶色くなる（手前）。奥はつくりたて・置きたてのチュラ。

写真4-21　チーズの表面に付着した酵母。チーズは、1、2日静置しておくだけで酵母が増殖してくる。ヒマラヤ山脈東部南斜面では、この酵母を利用して、熟成チーズをつくっている。

●パ：酵母熟成チーズのスープ

　チベット系牧畜民ブロックパの食文化を特徴付ける料理、それは塩バター茶のジャと酵母熟成チーズ料理のパです。ここでは酵母熟成チーズ料理を紹介しましょう。

　ブロックパの食事は、酵母熟成チーズを用いたスープのパと穀物粉の練り物のザンによって成り立っているといっても過言ではありません（写真4-22）。ブロックパの老人に聞くと、小さいころは朝食、昼食、夕食の一日三度の食事は、基本的にはこのパとザンであったといいます。それほど、パとザンはブロックパの食生活において今でも重要な食事となっているのです。

　パという料理は、酵母熟成チーズ、バター、そして、トウガラシを加えて30分ほど煮込んだスープです。少量の塩で味を調えます。煮込んでいる分、とろみが出ています。パの風味は、みそ汁を思わせるうま味とブルーチーズのような濃厚さ、そして、トウガラシの辛さによって味が引き締められています。納豆やみそなどの大豆発酵食品に慣れている筆

者には、上等な味がし、とても美味しく感じられました。酵母熟成チーズは、煮込み料理のための"ダシ"の役割をも果たしているといえましょう。

ザンは、トウモロコシ、オオムギ、もしくは、シコクビエを粉にして、湯で練った食べ物です。囲炉裏の炭の上で、30分ほどかけてこね上げて用意します。このザンを少量ちぎり取りスプーン代わりにして、パをすくいながら食べます。1回の食事でザンは握りこぶし2つ分ほどを食べることになり胃袋にどっしりと重くたまります。

このように酵母熟成チーズとバターは、ブロックパの人びとの日常の生活の中で不可欠な食材となっています。乳タンパク質の発酵産物をダシとして料理に用いているところが、ヒマラヤ山脈東部の湿潤地域の特徴です。

写真4-22 ブロックパの食生活を支えるザンとパ。ザンとは雑穀粉の練り物（左）。パとは、バター、酵母熟成チーズ、トウガラシでつくったスープ（右）。この組み合わせがブロックパの基本的な食事となる。パの中に浮かんでいるのは、とても辛いトウガラシ。

●文化つなぎ合わせる酵母熟成

パがこれほどまでにうま味を出せるのは、酵母でできたチーズが熟成しているからです。標高2000m以下で生活する農耕民は、この酵母熟成チーズに納豆を加えて同様の煮込み料理をつくっています。風味は、チーズのみでつくったパよりも、においが強くなり、いっそう複雑で深い味わいとなります。つまり、チーズのチュラによる煮込み料理は、ブロックパだけでなく、ヒマラヤ山脈東部地域で広く用いられている料理なのです。

もともとダイズを利用した発酵食品（**写真4-23**）をダシにして、スープをつくる料理がヒマラヤ山脈東部の低地湿潤地帯に発達していたのです。そこに西アジアから乳加工技術が伝わり、高地では酵母熟成チーズがつくられるようになり、酵母熟成チーズが同様にスープに利用されるように発達していったのです。材料はミルクとダイズとで異なりますが、いずれも発酵食品であり、同様なうま味成分を生成しているので酵母熟成チーズがスープ料理に利用されるようになったのでしょう。アジア乾燥地帯の文化とヒマラヤ山脈東部湿潤地帯の文化との融合、それは酵母熟成というキーワードでつなぎ合わされていたのです。異文化が出会うところに、新しい文化が花開くものです。

日本もヒマラヤ山脈東部湿潤地帯と同様な湿潤地帯にあるので、チーズ利用の新しい発展が十分に起こり得る可能性があるでしょう。それは乳製品と日本の食文化との融合であり、われわれの食のライフスタイルと嗜好（しこう）、そして、皆さんのアイデアに懸かっているといえましょう。今後、日本でどのように乳製品が進化していくのか、楽しみでなりません。

写真4-23 ダイズを発酵させた納豆。

ミルクを長く利用してこなかった地域が世界にはあります（P.1図0-1参照）。東南アジアや東アジアの湿潤な地域です。ここでは、東南アジアのインドネシアとフィリピンを事例に、もともとはミルクを利用してこなかった地域に、乳文化がどのように浸透しているかを見ていきましょう。同じ非乳文化圏にある日本で、どのように乳文化が私たちの生活に広がっていくかを知る上で、大変に参考になります。

ご馳走 5 東南アジアの乳文化

写真5-1
インドネシアの農村風景。平地には水田が広がる。

非乳文化圏インドネシアの乳文化

　東南アジアのインドネシアも、もともとは非乳文化圏の国です。コメ、野菜、ダイズ、魚、肉で食が十分に成り立つ社会です（**写真5-1、5-2**）。そんな非乳文化圏の社会に、ミルク・乳製品がどのような形で入っているのか、興味深いところです。それは、インドネシアではミルク・乳製品が嗜好（しこう）品、栄養補助食、生活の換金資源として入っています。非乳文化圏には、乳文化が伝わる位置があるのです。それでは、どのように乳文化がインドネシアに伝わっているか、見ていきましょう。

写真5-2　スマトラ島のパダン料理。皿には、肉や魚、野菜、コメが並ぶ。トウガラシやココナツミルクが味付けに用いられる。インドネシアは基本的には非乳文化圏にある。ミルクがなくとも、食がしっかりと成り立っている。

● 搾乳地域

　インドネシアでは近年、酪農業が発達し各地で乳牛が飼養され、ミルクが都市部に供給されるようになってきました。伝統的には、スンバワ島とスマトラ島の西スマトラ州が有名で、昔から両地域では搾乳されてきました（図5-1）。スンバワ島ではウマが搾乳され、スマトラ島ではスイギュウが搾乳されています。両地域とも、年間降水量は1,000mm以

図5-1　スンバワ島とスマトラ島の位置

上、月別平均気温が年中25～29℃の熱帯多雨地帯で、蒸し暑い気候です。ほぼ赤道直下にあり、一年中、日長の変化はほとんどありません。

●スンバワ島の馬乳

スンバワ島では、ウマ、ヤギ、バリウシ、スイギュウ、ニワトリを飼養しています。搾乳しているのは、ウマだけです（写真5-3）。馬乳を搾る目的は、売却による現金収入を得ることと飲用です。雄ウマ、乾乳中の雌ウマ、子ウマなどは、米作の休閑地にひもで結び止めて定点放牧させます。母ウマは、屋敷内もしくはウマ舎でつなぎ飼いします。

ウマには季節繁殖がなく、交尾が周年可能で、出産はいずれの時期でも可能であると

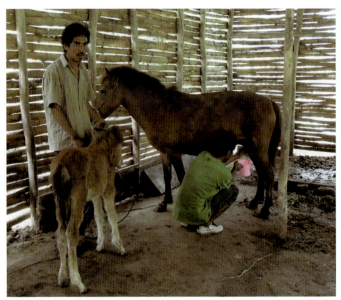

写真5-3　ウマの搾乳。子畜が催乳のために利用される。搾乳は、中腰・片手で行う。

いいます。妊娠期間は10カ月で、出産後1カ月は搾乳せず子畜への哺乳のみに充てます。出産後1カ月してから搾乳を開始し7カ月間行います。

搾乳は1日5回、3時間ごとです。1回の泌乳量は0.5ℓほどしかありません。このように1回当たりの泌乳量が少なく、1日に何回も搾乳するのがウマの搾乳の特徴です。モンゴル国でも同様でした。1頭1日当たりの搾乳量は合計2.0～2.5ℓほどになります。

●そのまま生で

　ミルクは、スス・クダと呼ばれます。ススがミルク、クダがウマを意味します。ミルクは、そのまま飲用します。ウマのミルクを飲む量は、1週間に1回、コップ1杯おおよそ150mlほどです。ウマのミルクは、甘く、さらっとした舌触りです。多くの人ではコップ一杯程度のウマのミルクなら消化に支障はありませんが、中には下痢をする、吐いてしまうという人もいるそうです。

　インドネシアの人びとは、馬乳は「スタミナがつく」から飲むといいます。なんと、生卵と混ぜて、ミルクセーキのようにして飲むこともあるといいます。まるで栄養ドリンクですね。このように、馬乳は、体力を回復するための栄養補助飲料として利用されているのです。決して、主要な食料として一日三度の食事に利用されている食材ではありません。

●液状ヨーグルトにして

写真5-4　ウマの液状ヨーグルト。発酵して、とても酸っぱくなっている。

　飲み切れなかったミルクや、都市部から巡回してくる業者に売却し切れなかったミルクは、数日から数週間そのまま静置してしまうことがあります。ウマのミルクは、密封した容器に入れ、涼しい所に静置しておけば、非加熱のままでも1カ月は保存できるといいます。ミルクは静置している間に発酵して、とても酸っぱくなります（写真5-4）。静置中に発酵が進み過ぎ、ガスが生じてふたが飛び出してしまうこともあるといいます。この馬乳の液状ヨーグルト風の乳製品は、加熱殺菌し、乳酸発酵スターターを添加して意図的に発酵させたものではなく、搾乳時や容器から混入した微生物によって自然に発酵したものです。ミルクと同じように、スタミナがつくものとして栄養補助飲料として飲用されています。

　1カ月静置した液状ヨーグルトは、固形部分と液状部分が分離しており、よく振って混ぜ合わせてから、コップに注いで飲用します。ウマの液状ヨーグルトから、チーズやバターへとさらに加工したりすることはありません。

●スマトラ島・西スマトラ州の水牛乳

　西スマトラ州で調査した際、搾乳を行っている世帯は、いずれもスイギュウのみを飼養していました。搾乳する目的

写真5-5　スイギュウの搾乳。スイギュウもウマと同様に子畜が催乳のために利用される。

は、売却による現金収入を得ることと飲食のためです。

　スイギュウにも季節繁殖がありません。周年、交尾が可能で、出産はいずれの時期にも可能です。妊娠期間は11カ月で、出産後２カ月は搾乳せず子畜への哺乳のみに充てます。出産後２カ月してから搾乳を始めます。搾乳は最低でも４カ月は行います。交尾し、受胎すれば泌乳は停止してしまうといいます。スイギュウからの搾乳は、朝の１回のみで、搾乳量は１日１回で約２ℓほどです（写真5-5）。

●ヨーグルトにして

　ミルクは、スス・クルバウと呼ばれます。クルバウとはスイギュウのことです。水牛乳は、ミルクのままではあまり飲まれず、ヨーグルトにしてから利用されます。

　ミルクを加熱することなく、そのまま竹筒に注ぎ入れます（写真5-6）。何らかの発酵スターターを加えることはありません。竹筒は200〜400mℓほどの容器です。非加熱殺菌のミルクを竹筒に入れたならば、プラスチックビニールもしくはバナナの葉で上部を覆い、輪ゴムでしっかりと固定します。このまま一晩もしくは二晩静置して発酵を進めれば、ヨーグルトになるといいます。気温が高いので、布などで覆って保温することもありません。ヨーグルトはダディ・クルバウと呼ばれています。ダディがヨーグルトの意味です。インドネシアの人びとは、ヨーグルトをさらに加工して、チーズやバターに加工することはありません。ヨーグルトの状態で食べてしまうか、売却してしまいます（写真5-7）。このようにスマトラ島でも、スイギュウのミルクは、加熱殺菌もせず、発酵スターターを添加することもなく、

写真5-6　水牛乳のヨーグルト。ミルクを非加熱殺菌のまま竹筒に入れて静置し、自然発酵させてヨーグルトにする。

写真5-7　路上で売られるヨーグルト。写真下の竹筒が水牛乳のヨーグルト。

写真5-8　ヨーグルトの利用方法・その１。ヨーグルトにタマネギと塩を加えてドレッシングとして利用する。

自然発酵に委ねて、ヨーグルトへと加工するのみです。

訪問した農家では、ヨーグルトを週に2回ほどは食べていました。ヨーグルトを食べる際は、ヨーグルトに塩とスライスしたタマネギを混ぜ合わせ、米飯にかけて食べたりします（**写真5-8**）。ヨーグルトを主要な食料としているのではなく、ドレッシングのように補助的に利用しているのです。このように、西スマトラ州でのヨーグルト利用は、料理を飾るための補助食として利用されているにすぎません。

また、スイギュウを飼養する農家では、ヨーグルトの販売は米作より収入が多いこともあります。西スマトラ州の農家にとってスイギュウのミルクは、売却による現金収入源として生活を営むための貴重な換金資源となっているのです。

● **街ではヨーグルトをデザートとして**

写真5-9　ヨーグルトの利用方法・その2。乾燥圧縮餅米、砂糖、ココナッツミルク、サトウキビの糖蜜をかけて、ヨーグルトをデザートとして利用する。

都市部では、ヨーグルトを甘くしてデザートとして利用しています（**写真5-9**）。乾燥圧縮餅米を湯で戻し、これにヨーグルトを入れ、砂糖、ココナッツミルク、サトウキビの糖蜜をかけて食べます。ヨーグルトの酸味が隠れるくらいに甘くします。この極めて甘くしたヨーグルトのデザートをアンピン・ダディヒと呼びます。このように都市部でも、ヨーグルトは主食的にではなく、嗜好品として補助的に利用されているにすぎません。決して、食事としての重要な位置がヨーグルトに与えられているわけではありません。

● **非乳文化圏でのミルクの位置**

インドネシアの人びとは、馬乳は「スタミナがつく」栄養補給飲料として、スイギュウのミルクはドレッシングやデザートとして補助食的に利用していました。いずれも三度の食事に重要な食材としては決して用いられていないことで共通しています。馬乳や水牛乳は、インドネシアの人びとの食生活に不可欠な食料ではないのです。

搾乳と乳加工技術とが生業にとって不可欠であり、食料の多くを乳製品に依存する乳文化圏がアジア大陸・アフリカ大陸の乾燥地帯を中心に発達しています。この乳文化圏での乳利用の在り方は、ヨーグルトやバター、チーズなどが食事の重要な位置を占めています。馬乳とて、乳文化圏のモンゴルにおいては夏には主要な栄養摂取源となっていたりします。ところがインドネシアではウマやスイギュウから搾乳を行うのは、ミルクやヨーグルトを売却して現金収入を得ることが主な目的でした。乳製品は、ミルク生産者にとっては貴重な食料資源ではなく、換金資源なのです。

このように、インドネシアのような非乳文化圏での乳製品の生活への浸透の仕方は、食

料資源としての必需品ではなく、「嗜好品」「栄養補助食」もしくは「換金資源」として浸透しているのです。日本も、もともとは非乳文化圏に位置していました。インドネシアでの乳文化の入り方と、どこか似ているところがあります。

非乳文化圏フィリピンの乳文化

　フィリピンは約7,100もの島々で構成される海洋国家です。国民は海に大きく依存しながら生活を送ってきました。海辺の人びとは今も、食事は三食三度、魚とコメが主です（写真5-10）。そのようなフィリピンの社会に、外来文化の乳製品はどのように受け入れられているのでしょうか。非乳文化圏への乳文化の浸透の在り方として、また、非乳文化圏への乳製品の販売を模索する上で、フィリピンの事例はとても興味深いです。フィリピン中央部に位置するセブ州で、魚を捕って生活する家庭に滞在して、彼らの乳文化を追いました。フィリピンの風土、食生活や嗜好性について説明してから、フィリピンでの乳製品の利用の現状を紹介していきましょう。

写真5-10　魚料理と米飯の食事。食卓に油揚げの魚、豆と一緒に煮た魚、コメが並ぶ。

●セブの風土と人びと

　セブ地域は、日中の最高気温が平均で約33℃、最低気温でも約25℃、湿度が朝には90％もあるなど、とても蒸し暑い地域です。座っているだけで体力が奪われていきます。北緯10°と低緯度にあるため年格差がほとんどなく、一年を通じて不快指数が高い状況です。降水量は年間1,500mmと多いのですが、2〜5月は比較的少ない乾期となります。

　家畜はブタ、ニワトリ（特に闘鶏）、ヤギ、ウシなどが飼われています。ブタは、狭い柵の中で数頭を、残飯などを飼料にして飼っています。ヤギとウシはひもで結び、庭先で数頭をつなぎ飼いし、搾乳は一切行っていません（写真5-11）。いずれの家畜も売却による現金収入、もしくは、特別な日の食肉とするために飼われています。見た目も美しい闘鶏も試合に負けてしまうと、残念ながら肉に回されてしまいます。

　海岸地帯はサンゴ礁で形成されているために石灰岩性で、土壌は薄くほとんどありません（写真5-12）。このため、多くの土

写真5-11　庭先につなぎ飼いされたウシ。フィリピンのセブ州ではウシやヤギからは搾乳しない。

ご馳走5　東南アジアの乳文化

地では農耕ができません。土壌の比較的堆積した場所で、辛うじて局所的に作付けできる程度です。ニガウリ、ナスビ、カボチャなどの野菜類、バナナ、マンゴー、パパイヤなどの果樹が、なんとか育つ程度です。そのためコメやコムギなどを遠方から取り寄せて食生活を成り立たせています。フィリピンの海岸地帯で生活する人びとは、地域の海産資源を最大限に利用しながらも、地域外の人びとから必要な物資を入手するために広域ネットワークを発達させながら暮らしてきました。

写真5-12　海産資源に大きく依存して、生活が成り立っている。

　このようなフィリピンに乳文化が本格的にもたらされたのは、16世紀から始まるスペイン統治以降だとされています。また、19世紀末からのアメリカの統治によっても、大きく影響を受けました。ちょうど、敗戦後にアメリカ占領軍が持ち込んだミルクにパンという生活様式が広く普及した日本とよく似ています。フィリピンの乳文化の歴史は500年ほど。フィリピンの人びとの嗜好性とどのように融合して、乳製品は用いられているのでしょうか。

●食生活のリズム

　漁師の朝は早く、朝4時半ごろに起きて、サンゴ礁の浅瀬に貝や小魚を捕りに行ったり、魚を市場に売りに行ったりします（写真5-13）。朝食は昨晩の残り物（魚とコメ）でつくった弁当で、作業の合間に摂ります。また、近くの店屋からパンやちまきを買って、温かいカフェオレと一緒に摂ったりもします。コーヒー文化がすっかりフィリピン社会に根付いています。10時ごろ、魚や

写真5-13　にぎわう魚市場。

貝を売りながら、ミリエンダと呼ばれる間食を決まって摂ります。間食にはミルク入りのアイスクリーム、パン、蒸しパン、ちまき、練乳を利用したハロハロ（後述）などが利用されます。12時ごろには魚売りも一区切りつき、自宅に帰って昼食の準備をします。コメを炊き、たいていは魚料理をつくります。魚料理は、スープ、しょうゆ味の煮物、酢を利かした煮物、揚げ物などです。昼食が終わると再び市場に出掛け、魚介類の販売再開です。午後の空腹を覚える5時ごろには、また間食を摂ります。6時過ぎに市場の仕事を終え、夕食の準備をしに帰宅します。夕食も、たいていは魚料理とコメです。

　昼食や夕食に肉料理を用いることもありますが、高価なこともあり食するのは誕生日やクリスマスなど特別な日に限られます。また、ハンバーガーやスパゲティなどの西欧料理も好物ですが、これも特別な日に摂るくらいで、1年に一度あるかないかです。

　このようにセブ州の漁師たちの食事は朝、昼、夕の三度、そして、午前と午後の2回の間食から成り立っています。食事は魚料理が利用されることが多く、魚料理に乳製品は一

切利用されません。そのような食生活の中で乳製品が利用されるのは朝食と間食です。フィリピン社会では乳製品は嗜好品や栄養補助食として浸透しているのです。

●フィリピンの人びとの嗜好性

フィリピンには、バナナ・キューやカモテ・キューと呼ばれるバナナやキャッサバを油で揚げて黒砂糖を絡めた伝統的なローカル・スイーツがあります（写真5-14）。味はとても甘く、極太かりんとうに似た食感です。フィリピンの人びとは甘い物が大好きです。コーヒーを頼むと、何も言わなくとも、砂糖の小袋を3つ添えて出してくれます。お菓子やジュースなど、たいていの物は甘さが主張された味付けとなっています。

写真5-14 バナナ・キュー。表面に黒砂糖がたくさん付いている。

フィリピンは高温多湿の不快指数の高い自然環境にあります。体力を消耗するような環境にいると、不思議と甘い物を食べたくなります。疲労した身体には甘過ぎる食べ物がおいしく感じるようになってくるから不思議です。この高温多湿の自然環境で甘過ぎる食べ物を嗜好する傾向は、同じ東南アジアのインドネシア、シリアなどの西アジア、インドなどの南アジアでも共通して確認されます。甘い物好きのフィリピンで、乳製品も甘く味付けされて社会に受け入れられることになります。では、具体的な事例を見ていきましょう。

●おやつにハロハロ

フィリピンの街角には至る所に、ハロハロと呼ばれる甘いフルーツ乳飲料が店頭で売られています。ハロハロとはフィリピンの言葉（タガログ語）で「混ぜ合わせた物」という意味です。ハロハロは、もともとは明治期に出稼ぎ日本人がフィリピンで始めたのがその起源だと言われています。

現在のハロハロは、マンゴー、バナナ、ココナッツ、パイナップルなどのフルーツに練乳、たっぷりの砂糖、そして、氷を入れてミキサーでかき混ぜてジュースにして供しています（写真5-15-1）。ミキサーのない甘味店では、氷を削ってフルーツと砂糖を重ね合わせます（写真5-15-2）。いずれのハロハロも、とても

写真5-15-1 甘いフルーツ・スイーツのハロハロ。

甘くしてあります。このように乳製品は、現地の素材と融合し甘いデザートとして、しっかりとフィリピン社会に浸透しています。

写真5-15-2　かき氷風のハロハロ。

●ココナッツのジュースとアイス

　フィリピンにはココヤシ（写真5-16）を使ったブコ・ジュースと呼ばれる白濁した甘い飲み物があります（写真5-17）。ココヤシの実の中には、大量の液体が入っています。このココナッツ・ジュースのことを、もともとはブコ・ジュースと呼んでいました。この透明の液体に、白いココナッツを削り入れ、練乳と砂糖を混ぜ合わせて甘くしたのもブコ・ジュースと呼ぶようになりました。全体に白濁し、練乳のまろやかな甘さで包まれ、とても美味です。乳製品が、伝統的な在来の食材と見事に融合した優れた事例と言えましょう。果物と砂糖や乳製品を混ぜ合わせた飲料ですから、このブコ・ジュースもハロハロの一種といえます。

　さらに、ココナッツはアイス・ブコというアイスクリームにも加工され、広く人びとに愛されています（写真5-18）。ココナッツ・ジュースに、削ったココナッツ、そして、練乳と砂糖をよく混ぜ合わせ、プラスチック袋に小分けします。この袋ごと冷凍庫に入れて凍らせたら、アイス・ブコの出来上がりです。暑いフィリピンの日中に、冷たいアイス・ブコは身体を冷やし、甘く濃厚な味わいがとても美味しく感じられます。このように、ココナッツと乳製品との相性はとてもいいものです。

写真5-16　フィリピンに自生するココヤシ。

写真5-17　ココナッツと練乳とを混ぜ合せたブコ・ジュース。

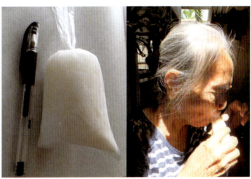
写真5-18　地元の人びとに愛されるアイス・ブコ。

●甘く味付けされた牛乳

　コンビニエンスストアや雑貨店などでは紙パックに入った牛乳やチョコレート味・フルーツ風味などの乳飲料が売られています（写真5-19）。フィリピンではチョコレート味が特に人気で、乳飲料などは甘いチョコレート味が主流となっています。これらの乳飲料はとても甘く、嗜好品として飲まれています。味付けしていない牛乳も販売されてはいますが、人気はいまひとつです。

　このように、ハロハロやブコ・ジュース、乳飲料などのように、乳製品は現地の素材と融合し、フィリピンの人びとの甘い物を愛好する嗜好性の下、甘い乳飲料やデザートとして利用され、間食に「嗜好品」として国民社会にしっかりと定着しているのです。

写真5-19　コンビニエンスストアの乳飲料コーナー。甘い乳飲料が並ぶ。

●朝食にホットミルク

　筆者が滞在したセブ州の漁師の家庭では朝、粉ミルクをお湯に溶かしたホットミルクを2歳の孫に飲ませていました。粉ミルクを利用するのは液状の牛乳より安いからです。また粉ミルクは常温で保存でき、使い勝手が良いこともあります。価格の安さと使い勝手の良さがあって一般家庭には粉乳がより広く浸透しています。

写真5-20　粉ミルクを溶いたホットミルク（左）と粉ミルクの包装袋。

　粉ミルクを乳幼児や子どもに飲ませるようになったのは2012年からと、最近のことだそうです。そのきっかけは、❶市場にある食堂で粉ミルクが販売されており、その存在を知った、❷テレビで健康に良いと宣伝していたから、といいます。粉ミルクが入った袋には、タガログ語で「MAS PINATIBAY（より壮健に）」「TIBAY RESISTENSYA NUTRIENTS（抵抗力のある栄養素を強化しよう）」と大きく印字され（写真5-20）、成分表示の欄にはカルシウム、鉄分、亜鉛、ビタミンCなどが含まれていることが強調されています。また、薬局では0～6カ月齢、6～12カ月齢、1～3歳用の粉ミルクが販売されており、容器には必要な栄養分を補うとする説明が目立つように記載されています。

　このように粉ミルクは健康に良く、特に乳幼児と子どもには優れた食品であるとされ、「栄養補助食」としてフィリピンの人びとに、特に朝のホットミルクとして浸透し始めています。

●コメ粥からミルク粥へ

　朝、粉ミルクを溶いたホットミルクを孫に飲ませる傍らで、二男が粉ミルクをお湯に溶かし、それに冷やご飯を入れてミルク粥（がゆ）風にして食べることが度々ありました（写真5-21）。ミルク粥は乳児の離乳食として利用している世帯もあるといいます。

　フィリピンには昔からコメ粥を食べる習慣があります。特に朝と間食に粥を利用する傾

向があるといいます。朝には粥を売る屋台も見受けられます（**写真5-22**）。たいていの粥はコメに長ネギ、卵、塩を入れてつくられています。中にはチョコレート粥もあり、チョコレートで味付けした粥に練乳をかけて供します（**写真5-23**）。

このように乳製品は「コメと融合」し、乳幼児・子どもの栄養補強を意識した「栄養補助食」として利用されています。

写真5-21　ミルク粥を食べる漁師の子ども。

写真5-22　ミルク粥の露店売り。

写真5-23　チョコレート粥はフィリピンで独自に発達した食文化の1つ。

●相性いいパンとの食べ合わせ

大人や子どもたちは粉ミルクからつくったホットミルクとパンで朝食とします。フィリピンではパン屋は街角の至る所にあります。パンは西欧文化の一つとして、スペインとアメリカの統治が長かったフィリピン社会に広く浸透しています。

種類も多く柔らかいプレーンタイプ、チョコやチーズなどで味付けした菓子パン、キャラメルなどで味付けしたシフォンケーキ、ココナツを利用したアンパン、ロールケーキ類などが広く販売されています。比較的安いこともパン食が普及している理由の一つです。

パンとミルクは食べ合わせが良く、粉ミルクからつくったホットミルクは栄養も豊富であることから、朝にパン食と一緒にホットミルクを摂取する形態が普及しているようです。

また、カフェオレとパンを朝食にするパターンも多く見られます（**写真5-24**）。早朝にカフェオレとクッキーなどの菓子類で軽く済ませ、その後遅めに朝食を摂る人もいます。カフェオレにはインスタントコーヒーが広く利用されています。一つの袋にコーヒーの粉、粉ミルクに砂糖が含まれていて、コップに入れて湯を注ぐだけ、簡単

写真5-24　朝食によくカフェオレにパンを浸して食べる。

に用意できるようになっています。インスタント1袋だけでも十分に甘いのですが、さらに砂糖を加えて、とても甘くして飲みます。フィリピンでのコーヒー飲用は、ミルクと砂糖が入った甘いカフェオレとして飲まれており、コーヒーの飲用習慣と共に乳文化がフィリピン社会に浸透しています。

このように乳製品はパンという「西欧型の食文化」と共に摂取され、カフェオレという「嗜好品」として広く利用されているのです。

●西欧型食文化が浸透し始めた

フィリピンの街中には、ハンバーガー店が広く進出しています。ハンバーガーはフィリピンの人びとに大変人気があります（写真5-25）。バンズには柔らかいパン、パテの味付けはソースを甘くしてあり、フィリピン人の好みに合わせて、ハンバーガーが開発されています。このハンバーガーにスライスチーズが多用されています。また、ミートソースに甘い練乳をたっぷりと溶かし込んだり（写真5-26）、スパゲッティーに上からチーズを振り掛けたり（写真5-27）、パンにチーズで味付けして菓子パンにするなど、フィリピン社会に乳製品が西欧の食文化と共に普及しています。

また、西欧型のスイーツとしても乳製品はフィリピン社会に浸透し始めています。チーズケーキなどのケーキ類、クッキー類、チョコレート菓子などが、近代的なパン店やカフェの進出により、広く普及し始めています。特に都市部では、大型店舗に高級な洋菓子店が数多く出店しており、若年層や裕福層の支持もあり、乳製品を用いた菓子類の消費が進んでいるのが現状です。

このように、乳製品はチーズバーガーなどのように「西欧型の食文化」として、ケーキ類などの「嗜好品」として、フィリピン社会に確かに浸透しています。

写真5-25　ハンバーガーは子どもに人気。味付けは甘く、中にスライスチーズが挟んである。

写真5-26　スパゲッティー用の甘いソース。ミートソースに練乳を溶かし込み、甘くするところがフィリピンらしい。

写真5-27　スパゲッティーの上にたっぷりチーズを振りかける。

●主食的な食事にどう取り入れられるか

　これまで紹介してきたようにフィリピンの食事は主にコメと魚に依存し、乳製品は魚を用いた料理と融合することなく朝食と間食に利用されていました。

　フィリピンでは昔から今日まで長年にわたって魚介類が利用されてきました。それが食事の基本となり、ほぼ毎日調理される魚料理には、乳製品は現時点で一切利用されていないのです。外来文化の乳製品は、食事の基本となる伝統的な食文化には浸透しにくいことが理解されます。

　フィリピンの乳文化の特徴は、乳製品が「とても甘く」摂取されるように変遷していることです。ハロハロやブコ・ジュースのように甘い乳飲料が愛用されていました。乳製品がフィリピンに伝わり、甘過ぎるくらいに加工されるように変遷して、乳文化がフィリピン社会に受け入れられていったのです。高温多湿な環境では、甘過ぎる食べ物がおいしく感じるようになります。つまりフィリピンで乳製品が甘過ぎるほど加工されるようになったのは、高温多湿という自然環境の立地性の下に育まれる民族嗜好性によっていると考えられるのです。穏やかな自然環境の日本で、穏やかな風味が醸造されてきたのとは対照的です。

　これらをまとめてみましょう。非乳文化圏のフィリピンに乳文化は伝わり、乳製品は自然環境に大きく影響を受けながら甘く加工されるようになりました。しかし魚料理を基本とした主食的な食事には浸透せず、朝食や間食として「栄養補助食」「嗜好品」「コメとの融合」「西欧型の食文化」の４つの形態で受け入れられてきたと要点をまとめることができます。これらの乳文化の立ち位置はフィリピンだけでなく、インドネシアでも同じでした。さらには日本においても、同じ非乳文化圏に共通して確認される動向です。これが非乳文化圏に伝播（でんぱ）した乳文化の当初の形なのでしょう。こう考えると、日本での乳文化も当分の間は、嗜好品的、補助栄養食的に浸透・深化するのかもしれません。

ヨーロッパの乳文化として、ブルガリア、フランス、そして、イタリアの事例を紹介します。それぞれに地域の自然環境を上手に利用したチーズ加工が行われてきました。そして、地域の人びとの乳文化に懸ける情熱、その伝統を守る枠組みが見られます。

ご馳走 6
ヨーロッパの乳文化

写真6-1
ブルガリアの羊飼い。カラカチャンと呼ばれる在来羊を300頭飼養し、ミルクを搾っている。現在では定住しているが、かつては冬にはギリシャのエーゲ海にまで下りて行ったという。

ブルガリアの乳文化

　ブルガリアと聞くと、私たちはすぐにヨーグルトを連想してしまいます。しかし、ヒツジの群れを率いてエーゲ海や黒海に移牧を行ってきたブルガリアの人びとですから（**写真6-1**）、ヨーグルトばかりを食べてきたわけではありません。生活を成り立たせるためにチーズやバターを加工してきました。乾燥・暑熱の西アジアと湿潤・冷涼なヨーロッパの間、気候的にちょうど中間地点に位置するブルガリアの人びとは、一体どのようなチーズを加工しているのでしょうか。レンネット技術の起源の一候補地がブルガリアを含むバルカン半島とも考えられており、なおのこと興味が湧いてきます。ヨーグルトとバター加工について紹介してから、チーズ加工を紹介していきましょう。

● ブルガリアのヨーグルト

　ブルガリアの人びとは、ヨーグルトを長期的に保存しています。ヨーグルトを長期保存するなんて想像しにくいのですが、晩秋から冬を越えてヨーグルトを保存しているのです。ここでは2つの方法を紹介しましょう。

ブラノ・ムリャーコ：ヨーグルトの長期保存①

　ブルガリア南部のロドピ山脈で（**写真6-2**）、ブラノ・ムリャーコと呼ばれるヨーグルトの長期保存が行われています。ロドピ山脈は、ロシアの微生物・動物学者メチニコフが長寿村と出会った地で、後にヨーグルトを食べることが長生きにつながるとした「不老長寿説」を提唱するに至ります。

写真6-2
ブルガリア南部ロドピ山脈の景観。トウヒ（エゾマツの仲間）林に囲まれ、落ち着いたたたずまいの集落が広がる。統一された夕日色の屋根が郷愁を誘う。

前回の食べ残りでヨーグルトをつくる

　ブルガリア南部のロドピ山脈では、カラカチャンと呼ばれる在来羊から搾乳しています（写真6-3、6-4、6-5）。乳加工の場所は、ヒツジ舎の脇に併設した山小屋です（写真6-6、P.85写真6-22、6-23参照）。山小屋には、搾乳用の木桶（きおけ）、ヨーグルトの長期保

写真6-3　在来羊カラカチャン種。

写真6-4　カラカチャン種からの搾乳。ヒツジの固定に牧柵を利用する。

写真6-5　搾った羊乳と満足げな牧夫。

写真6-6　チーズの加工を行う山小屋。ヒツジ舎の脇に小さな建物が併設されている。このような山小屋で、長期保存のヨーグルトやバター、チーズが加工・保存されている。山小屋は年中涼しい。

存用の木桶、チャーン用の木桶、チーズ加工用の脱水器と、乳加工に必要な一通りの器具が備え付けられています。

ミルクはまず布でゴミをこし取って、加熱殺菌します。指で確かめながら加熱殺菌乳が40℃弱くらいに温度が低くなったら、種菌として前回の残りのヨーグルトを少量加えます。布などで覆って温かい状態にし、3～4時間ほど置いておくとヨーグルトになります。ヒツジの世話や畑仕事などをして戻って来たらヨーグルトが出来上がっているのだといいます。なんともステキなヨーグルトづくりですね。

写真6-7　ヨーグルト（手前）とパイのバーニッツァ（奥）。バーニッツァは、お客さんをもてなす際など、特別な日にはよくつくられる。パイ生地で、シレネと呼ばれるチーズが中に混ぜられている。バーニッツァの味は家庭によって違い、おふくろの味となっている。ヨーグルトとバーニッツァの相性は抜群で、幸せな気持ちにしてくれる。

ブルガリアではヨーグルトのことをキセロ・ムリャーコと呼びます。ブルガリア語で「酸っぱいミルク」を意味します。もちろんのこと、ヨーグルトはそのまま食べたり、料理に利用したりと、日々の生活に欠かせない重要な食材となっています（写真6-7）。ヨーグルトはスープにしても食べられます（写真6-8）。水で引き伸ばしたヨーグルトに、具はみじん切りにしたキュウリ。ニンニクと塩、そして、フェンネルで味を引き締め、オリーブオイルとつぶしたクルミを添えます。冷たくして飲むのですが、夏の暑い時に、とても爽やかです。タラトールと呼ばれ、ブルガリアを代表するようなスープです。日本でも、ぜひ普及してほしいなと思う上等なスープです。また、脂っこい料理に添えても、ヨーグルトは頻繁に用いられています（写真6-9）。味をまろやかにし、脂っこい料理にヨーグルトは実によく合います。いずれも、日本での新たなヨーグルト利用について、とても参考になる利用法です。このように、ヨーグルトはブルガリアの人びとの食生活に、しっかりと取り入れられていると言えるでしょう。

写真6-8　ヨーグルトスープのタラトール。具はキュウリだけだが、ニンニクとフェンネルの味が利いて、夏にとても美味しい。

写真6-9　パプリカの詰め物料理にヨーグルトを添える。脂っこい食べ物とヨーグルトの相性は抜群。

クリームとホエーを取り除き長期保存

　このヨーグルトを長期保存するには、まずクリームとホエーを取り除きます。ヨーグルトに加工した際、表面にクリームが浮いてきます。このクリームはすくい取って除きます。クリームがあると保存中に「味が壊れる」のだとブルガリアの人びとはいいます。乳脂肪を長く放置しておくと酸化して味覚の低下を招いてしまいます。これを避けるためにクリームを除去するのでしょう。クリームを除去したヨーグルトを、木製の大樽（おおだる）に注ぎ込み、ゴミが混入しないように大樽の上を布で覆い、板で封をしておきます（**写真6-10-1**）。ヨーグルトを何度も何度も詰め込み、搾乳シーズンが終わる晩秋には大樽いっぱいになっているといいます。最後に、たまったヨーグルトの中央にくぼみをつくり、ホエーを染み出させ、すくい取って除去していきます。ホエーが出てこなくなるまで繰り返し、ヨーグルトを脱水します。これで、再び搾乳が始まる翌年の5月までヨーグルトを長期保存できるというのです（**写真6-10-2**）。この脱水してため込んだヨーグルトがブラノ・ムリャーコです。ブラノは「ためた」を意味しています。

写真6-10-1　長期保存ヨーグルトのブラノ・ムリャーコをためた大樽。

写真6-10-2　樽底に見えるブラノ・ムリャーコ。この状態で、晩秋から翌年春まで保存できるという。

ブラノ・ムリャーコを食す

　ブラノ・ムリャーコは乳酸発酵が進展し、とても酸っぱくなっています。ブラノ・ムリャーコは、冬の間、ジャムをかけて食べたりサラダにしたりと、ヨーグルトと同様にして食し

写真6-11-1　ベリージャムをかけたブラノ・ムリャーコ。ブラノ・ムリャーコはとても酸っぱいので、甘いジャムと相性が良い。

写真6-11-2　サラダにしたブラノ・ムリャーコ。砕いたクルミをかけたり、野菜を混ぜ込んだりして、ヨーグルト同様にして食べる。

ます（写真6-11-1、6-11-2）。ブラノ・ムリャーコは、いわば低脂肪のドライヨーグルトです。興味のある方は、味の保証はできませんが、ぜひ試してみてください。乳酸発酵の強烈な個性が引き立ち、利用の仕方によってはヒットする乳製品を生み出すかもしれません。

クリームとヨーグルトを用いてバターに

ブラノ・ムリャーコを加工する際にクリームを取り去ると紹介しましたが、このクリームをどうするかというと、バター加工に用います。クリームに、新たにヨーグルトを加え合わせ、一緒にチャーニングします。

木樽に、ヨーグルト、クリーム、そして、ぬるま湯を注ぎ込みます（写真6-12）。撹拌（かくはん）棒で上下に1時間ほどかき混ぜると、バターの粒が表面に浮き上がってきます。バターを取り集めたら、水の中で練って乳タンパク質などを洗い落とします。バターは塩水に漬けておけば、バターの状態で長期保存が可能だといいます。冷涼な山岳地帯だからこそ、バターのままでも室温で保存ができるのですね。ブルガリアの平地でも、バターに塩を加え、瓶に詰めて半地下の納屋などの涼しい所に置くと、長期保存が可能であるといいます。家の土台部分にある半地下は気温が年中低いので、乳製品をはじめジャム・ハム・野菜の保存に大活躍です。昔から伝わる大変賢い自然の利用法です。また平地では、バターを加熱して、乳脂肪以外を極力排除したバターオイルに加工することもあります。長期保存には、バターオイルの方が安心です。

写真6-12　チャーニング用の木樽。今ではほとんど使われなくなってきた。

クルトマッチ：ヨーグルトの長期保存②

ブルガリアでは、もう1つ別の方法で、ヨーグルトを長期保存しています。場所は、ブルガリア中央部のバルカン山麓です。なんと、乳酸発酵スターターを加えずに、自然発酵でヨーグルトをつくり、長期保存させているのです。この自然発酵型ヨーグルトをクルトマッチと呼びます（写真6-13）。カートゥックとも呼ばれたりします。どちらもトルコ系の言語を語幹とした呼び名です。

写真6-13
自然発酵型ヨーグルトのクルトマッチ。塩を加えたドライヨーグルトで、長期保存が可能。パンとの食べ合わせは抜群で、素晴らしい。

湯煎と加塩で長期保存

　クルトマッチづくりは、ウシのミルクを用いることなく、ヒツジ・ヤギのミルクのみを利用するといいます。ミルクは、ヒツジ・ヤギの搾乳シーズンが終わる9～10月の濃くなったミルクを利用します。

　ミルクを非加熱のまま、8時間ほど静置し、自然発酵させます。わずかに酸っぱくなっています。その自然に乳酸発酵が進んだヨーグルトを湯煎して加熱していきます。直接には加熱しません。2時間以上は湯煎で加熱を続けます。加熱してヨーグルトが凝固してしまうことはありません。冷却してから塩を加えます。塩の添加量は、ヨーグルト1ℓに対して小さじ1杯ほどです。加塩後、2日にわたって常に混ぜ続けます。この長時間の湯煎加熱と2日間の混ぜ合わせにより、ヨーグルトは脱水しドロドロのゲル状となります。このゲル状のヨーグルトを、木製もしくは素焼きの器に入れ、ふたをしておきます。容器内に空気が残らないように、器にヨーグルトをなみなみと入れておくといいます。そのまま40日間静置し、味を落ち着かせれば、食べ始められるといいます。この自然発酵型ドライヨーグルトがクルトマッチです。クルトマッチは、ブルガリア中央部のバルカン山脈からブルガリア北部の平原地帯に広く共有された乳製品であるといいます。

クルトマッチを食す

　クルトマッチは、地下室などの涼しい所に静置しておけば1年も保存が可能であるそうですが、主に冬に食べてしまうといいます。食感は、塩辛く酸っぱく濃厚で、腐敗感が少々します。ですが、この塩辛く酸っぱいクルトマッチは、パンとの食べ合わせが抜群に良く、塩辛さが食を進めます。少々感じる腐敗感が、味に深みと広がりと面白さを与えます。冬には、このクルトマッチとパンだけの食事になるといいます。この自然発酵型ヨーグルトの長期保存は、アジア大陸では見られない大変珍しい乳加工技術と利用法です。脱水させた塩味のヨーグルト。皆さんもいかがでしょうか。

●ブルガリアのチーズ

ブルガリアにはチーズを加工する方法が7種類ほどあります。いずれも興味深いのですが、ここでは、そのうちの3つを紹介しましょう。西欧チーズを開花させたレンネット、その起源はバター加工にある可能性が高いのです。

シレネ：チーズづくり①

ブルガリアで広く加工されているチーズは、レンネットを利用したシレネと呼ばれるものです。シレネは、ブルガリアの食文化の土台を成しています。

子畜の第四胃からつくる凝固剤

シレネの加工はミルクを加熱殺菌せず、伝統的には家畜の胃内容物の抽出液を加えます。ウシ、ヒツジ、ヤギなど反すう動物の子畜の第四胃が用いられます。第四胃の中には、小さな粒が数個入っているといいます。子畜が死亡すると、第四胃から小さな粒を取り出し、紙などに挟み込んでつり下げ、乾燥・保存しておきます。凝固剤として利用する場合は、ぬるま湯に入れ、しばらく置いてから、その液体を利用します。この液体をマヤと呼びます。マヤがレンネット凝固剤ということになります。マヤの添加量は、生乳40ℓに対して大さじ1程度です。しかし現在は、市販の薬剤が利用されるようになりました。

塩水で熟成させるとまったり感が

非殺菌乳にマヤを加えたら、そのまま1時間ほど静置します。マヤを加える際、一緒にヨーグルトを少量加える場合もあります。酸性にさせて、レンネットを働きやすくするのです。その後、よくかき混ぜて凝乳を切断してから、布袋に入れ、石などを重し代わりに置いて圧搾脱水します（写真6-14）。ここで生成したチーズがシレネです。

出来たてのシレネをすぐに食べ、新鮮な味を楽しんだりします（写真6-15）。また、塩水に漬けて40日くらい熟成させてから、食べたりもします（写真6-16）。熟成させると、味が落ち着き、まったり感が出てきます。ブルガリアの人びとは、新鮮な味と熟成した味のどちらも楽しんでいます。シレネは、オリーブオイルや香辛料を振りかけて、食事に用いています（写真6-17）。

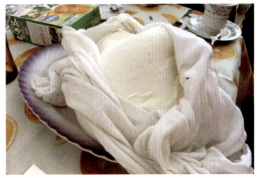

写真6-14　脱水したチーズのシレネ。凝乳を布袋に入れて脱水する。石などを乗せてホエーの排出を促す。布袋や石など家庭にあるものを最大限に利用して、シレネをつくる。

写真6-15　つくりたてのシレネ。新鮮な味を楽しむ。

写真6-16 塩水に漬けた熟成シレネ。ブルガリアの人びとは、たいていはシレネを熟成させてから食べる。落ち着いた味が熟成を感じさせる。

写真6-17 シレネの料理。シレネにオリーブオイルや香辛料を好みで添えて、食事に用いる。

また、すりおろしたシレネをサラダの上にかけて食べたりもします（**写真6-18**）。シレネをかけると、ドレッシングは必要ありません。シレネの塩味と野菜とが相まって、サラダが引き立ちます。見た目もとても奇麗で、思わず食欲がそそられます。塩味の利いたチーズの利用法として、とても参考になります。いずれ日本でも、フレッシュ

写真6-18 シレネをサラダにかけて楽しむ。塩味のついたシレネをすりおろして、サラダの上にかける。見た目が鮮やか。

チーズの利用が進んでいくことでしょう。美味しいものは普及していきます。それまでには、日本で乳文化が成熟してくるまで、もう少し待つ必要があるのかもしれません。

　かつて移牧の人たちは、長期保存するために、シレネを適度な大きさに切断してからヒツジの革袋に塩水と一緒に詰めていたといいます。革袋に入れると、持ち運びの移動に便利ですね。

瑞々しいホエーのチーズ

　シレネをつくった際、ホエーが出てきます。このホエーからもチーズをつくって、食事に利用しています。つくり方は至って簡単です。ホエーを加熱すると凝固してきます。凝乳を脱水すると、チーズとなるのです。ここでできたホエーチーズは、野菜などと混ぜ、つくりたてをすぐに食べます（**写真6-19**）。シレネとは違った瑞々しさと淡泊さとがあり、食生

写真6-19 ホエーチーズの料理。野菜と混ぜてサラダ感覚でいただく。

ご馳走6　ヨーロッパの乳文化

活のアクセントとなります。

ゼレノ・シレネ：チーズづくり②

ブルガリアでは珍しい青カビを利用した熟成チーズが、西部のバルカン山麓でつくられています。場所は、首都ソフィアから北東に約100km、ロヴェチ県ツェリン・ビット村です。青カビチーズをゼレノ・シレネと呼びます。ゼレノはブルガリア語で緑を意味しています。確かに、白いチーズに青カビの色合いは、緑にも見えますね（写真6-20）。市販の青カビ種を混ぜることもなく、自然に青カビチーズになるのだといいます。どのように青カビチーズをつくり上げているのでしょうか。

写真6-20　青カビチーズのゼレノ・シレネ。表面の所々に白カビのコロニーが散在しているが、気にせず食べる。塩辛過ぎず、濃厚でまったりとしており大変美味。

押さえつけずに優しく脱水

シレネをつくるところまでは、先に説明した工程とほとんど同じです。ただ、ツェリン・ビット村では、非殺菌乳にレンネットとヨーグルトを少量加えて凝乳とした後、重しなどを乗せて圧搾脱水することはしません。自重で自然に、8〜12時間かけて脱水させます。その理由は、次に説明する青カビをチーズ内部に展開させる過程にあります。

木樽を利用して湿度を保つ

シレネから青カビチーズをつくろうとする際、シレネを塩水から取り出し、木製の樽に移します（写真6-21）。容器は木製でなければ、青カビが付いてこないといいます。シレネを入れた樽に、ふたをしておきます。すると、1、2カ月そのままにしておくだけで、表面に青カビが自然に覆ってくるといいます。1カ月よりも2カ月静置した方が、青カビが濃く、より多く広く覆うといいます。所々に白カビがコロニー状に散在しています。これが青カビチーズのゼレノ・シレネです。

ゼレノ・シレネは、内部にまで青カビが展開しています（写真6-20）。内部には1〜10mmほどの空洞があり、青カビが侵入・展開しやすい組織になっています。ミルクにレンネットを添加して凝固させ、凝乳を脱水する際に圧搾脱水しなかった理由がここにあります。シレネ内部に空洞を残し、青カビが侵入しやすくしていたのです。

ゼレノ・シレネの味は、フランスの代表的青カビチーズのロックフォールに似て、塩辛

過ぎず、濃厚でまったりとしており、大変美味です。臭さや舌を突くような刺激感は全くありません。極めて上等な味です。赤ワインやパン、サラダとともに食べると、幸せにしてくれます。斑点状に散在する白カビも、取り除かず一緒に食べます。

ゼレノ・シレネの加工は、冬の間のみ行うといいます。シレネは、ヒツジ・ヤギの搾乳期間の5～10月にかけてつくります。ゼレノ・シレネへの加工は、塩水に漬けたシレネを11月以降に取り出し、青カビを生やします。夏は加工がうまくできない

写真6-21　木樽に入れて青カビを生やす。木樽にチーズを入れておくだけで青カビが付着してくるという。木樽は湿度を高く保つのにも一役買っている。

といいます。青カビが付着し都合よく熟成が進むのは冬季で、気温が12℃以下でなければならないといいます。ブルガリアの冬の湿度は80％前後です。カビを生やすにはもう少し湿度が欲しいところですが、それは木樽の湿り気で補っています。日本の冬も湿度が80％前後で冷涼です。日本の各地で、自然の青カビチーズができるかもしれませんね。

ビット・シレネ：チーズづくり③

　特筆しておきたいチーズがあります。その加工法が、レンネット利用の起源を指し示している可能性があるのです。

マヤを加えて凝乳、まずバターを加工

　非殺菌のミルクを木桶のチャーンに入れ、先に紹介したレンネットのマヤを加え、約1時間静置してミルクを凝固させます。その後、温度を上げるために湯1ℓを加えます。そして、撹拌棒で上下にかき混ぜて、バターを加工します。ここでレンネットを加えたのは、チーズ加工のためというよりも、ミルクを凝固させバター加工の効率を高めるためです。

バターミルクからチーズを加工

　バターを取った後に残るバターミルクは大鍋に入れ、ゆっくりとかき混ぜながら40～45℃に加熱し、乳タンパク質の凝固を促します（写真6-22）。この加熱凝固の際、温度が高過ぎると凝乳が固くなり過ぎるので、加熱は注意深く行うといいます。凝乳を布に入れてホエーを排出し、布に入れたまま3日ほどつるしておきます（写真6-23-1、6-23-2）。布の中に残った凝乳は2cm角に切り、ホエーチーズ1kg、塩25gの割合で加え合わせ、ヒツジの皮袋に詰めてしっかりと空気を抜いて保存します。ここで出来たチーズがビット・シレネです（写真6-24）。ビットはブルガリア語で「打った」を意味し、ビット・シレネの名称はチャーニング過程で撹拌棒を上下に打ったことに由来しています。ビット・シレネ

ご馳走6　ヨーロッパの乳文化

写真6-22　バターミルクの加熱。乳タンパク質の凝固を促す。

写真6-23-1　凝乳を布袋に入れる。

写真6-23-2　3日ほどつるして凝乳からホエーを抜く。

写真6-24　ビット・シレネ。塩味が強いが、チーズの滑らかさを感じる。

は、シレネよりも長期保存が可能で、ヒツジの皮袋に入れたままにしておくと2年は保存が可能といいます。ブルガリア移牧民がチーズを長期保存する場合、シレネよりも、主にこのビット・シレネを用いていたといいます。

●レンネット技術発祥の一候補地

　レンネットは前述したようにミルクを凝固させ、バター加工の効率を高めるために利用されていました。このレンネット利用法は、ハンガリーなどと共にバルカン半島でしか確認されていません。レンネットの本来の利用が、当初はチーズ加工にではなく、ミルクの凝固、さらにはバター加工のためだったのかもしれないのです。後に、レンネットによるミルクの凝固が、チャーニングせず、そのまま脱水することによるチーズの加工へと転用されていった可能性が高いのです。

　このように考えると、ブルガリアにおけるバター加工のためのレンネット技術は、チーズ加工におけるレンネット利用の起源である可能性があり、注目に値します。このレンネットこそ、ヨーロッパで開花するチーズ文化へとつながっていく乳加工技術です。その起源の一候補地がバルカン半島であるといえるのです。

●急速に失われつつある乳加工技術

現在では、ヨーグルトからブラノ・ムリャーコを加工しなくなってきています。ヨーグルトを瓶容器に密封し、冷蔵庫に入れておけば、搾乳が再び始まる翌年5月まで保存できるのだそうです。世にも珍しいブラノ・ムリャーコが忘れ去られようとしています。バターとて、店から買えば簡単に手に入り、1時間も重労働をしてまで加工する必要もなくなってきました。バター加工用の木桶（きおけ）の利用は、ほぼ廃れてしまっています。

ブルガリアでは近代化やEU加盟などで社会環境が激変し、チーズの加工も、その多くが忘れ去られ、単純化してきています。これはブルガリアに限ったことではなく、ユーラシアの多くの地域で同様な伝統文化の喪失が起こっています。人類の文化遺産がなくなってしまう前に、後世に受け伝えていく何らかのシステムが必要です。フランスでは、地域の伝統技術を保全するシステムが備えられています。次にフランスの乳製品を紹介する際に、その仕組みを紹介しましょう。

フランスの伝統文化の保全と乳食ライフスタイル

ユーラシア大陸の多くの地域では、伝統的な乳加工技術と乳製品が廃れようとしています。しかしフランスには伝統文化を保全し、逆に育成して付加価値を高めようとする制度

写真6-25　多様なチーズ。フランスでは、多種多様なチーズが店頭に並んでいる。どうしてこのような個性豊かなチーズがたくさんあるのだろうか。それは、地域の乳文化を育む制度的な枠組みが後押ししているからに他ならない。

的な枠組みがあります。ここでは、フランスの伝統文化の保全の方法を紹介しましょう（写真6-25）。そして、フランスの乳文化を支えるフランスの人びとのライフスタイルを見てみましょう。

●チーズの認定制度：AOCとINAO

フランスでチーズを保全・育成するのに重要な役割を果たしているのが、AOCとINAOの制度です。AOCとは、原産地名称管理（Appellation d'Origine Cotorôlée：AOC）のことで、その製品がその地方で正しく加工された高品質なものであることを保証する制度です。このAOCの認定を行っている組織が、生産者と消費者と行政官の三者で構成しているフランス国立原産地・品質研究所（Institut National des Appellations d'Origine：INAO）です。公の機関に生産者と消費者も入っているところが、フランスらしいですね。

AOCは、❶原料乳の種類・産出地域 ❷製造地域および製造方法 ❸熟成地域および熟成期間 ❹形、外皮、重量、乳脂肪分について詳細に規定しています。AOCチーズは2016年9月の時点で45種が認められています。

●認定制度の根底に地域文化の保全

地域ごとの特色ある食品は、地域の人びとにより地域の自然環境の下で長い年月を経てつくられてきたものです。フランスの人びとは、この点を重んじ、地域に継承された伝統

写真6-26-1 ハードタイプのサレールとカンタル。

写真6-26-3 青カビタイプのブルー・ドーヴェルニュとフルム・ダンベール。

写真6-26-2 セミハードタイプのサン・ネクテール。

※写真6-26-1〜6-26-3の5種類のチーズがオーヴェルニュ地域圏でAOCに登録されている。

に基づいてつくった製品（チーズ、ワイン、食肉、野菜など）の品質は、他のどこの場所でもまねできない価値があると考えています。この考えを制度化したのがAOC認定制度です。ですから、AOC認定制度の根底には、その地域に根差した伝統ある品質と製品を守るという「地域文化の保全」の考え方があるのです。決して、地域の統一したチーズを規定するだけ、付加価値を高めるだけのものではないのです。

筆者が調査したフランス南部のオーヴェルニュ地域圏では、ハードタイプのカンタル、サレール、青カビタイプのブルー・ドーヴェルニュとフルム・ダンベール、セミハードタイプのサン・ネクテールの5種類がつくられていました（写真6-26-1、6-26-2、6-26-3）。

これらのチーズを加工する世帯では、市販の乳酸菌とカビを利用してチーズをつくっています。この市販の微生物叢（そう）を利用し、製造工程を全く同一に展開すれば、日本でも類似のチーズを生産することも可能です。

しかし、サン・ネクテールと全く同一に加工しても、日本でつくったチーズはサン・ネクテールと呼ぶことはできません。AOC制度が認定するチーズの究極的な規制は、原料乳の産出地域、製造地域、熟成地域といった「地域性による保全」ということになりましょう。この地域性という縛りが、フランスのチーズの地域による多様性を維持させ、フランスのチーズ呼称名の流出を防ぎ、地域の個性ある付加価値の付いたチーズを維持・育成・保全しているのです。

●認定チーズづくりの実際をオーヴェルニュ地域圏に見る

オーヴェルニュ地域圏でカンタルとサレールを事例に、規定に従ったチーズづくりを見てみましょう。

ウシの品種には、サレール種が指定されています。サレール牛の泌乳能力はわずか10kg/日程度ですが、乳量の多いホルスタインなどを利用することは認められていません。飼育方法は、夏は放牧が主体で、放牧地で搾乳されています（写真

写真6-27 サレール牛の搾乳。最初に子畜に哺乳させてから、トラクターの動力を利用して搾乳する。現在でも放牧地で搾乳している。AOC認定チーズのサレールにするには、放牧牛からの搾乳がINAO認定制度によって規定されている。

6-27）。これも規定に定められています。搾ったミルクを入れる容器は、ジェルルと呼ばれる伝統的な木桶がINAOで指定されています（写真6-28）。ステンレス製などの容器を利用することはできません。この木桶に入れたミルクをトラクタで乳加工場に運び込みます。ミルクを加熱殺菌しないまま、すぐにレンネットを加えます。凝固剤のレンネットは、市販のものを利用しても構いません。自然に混入した乳酸菌を用いて酸乳化します。人工的には乳酸菌を加えません。凝乳のカッティング（写真6-29-1）、凝乳の圧搾脱水（写真6-29-2）、さらなる凝乳のカッティング・圧搾脱水（写真6-29-3）、反転の作業を何度も繰り返します。朝まだ暗いうちに搾乳し、この一連の作業は夕方ごろまでかかります。木板

に乗せて、さらに1～2日ほど静置し、チーズの乾燥を促すとともに乳酸発酵を進展させます。その後、チーズを再び細かく粉砕し、チーズ1kgに20gの割合で塩を混ぜ合わせ、圧搾器にかけて成形・圧搾して1つの塊とします（**写真6-29-4**）。直径約38cm、重さ45kg前後もある巨大な塊です。その存在感に圧倒されます。この圧搾作業を半日ごとに反転しながら2日間続けます。この脱水・粉砕・加塩・成形・圧搾されたチーズが、カンタルやサレールと呼ばれるチーズになります。

写真6-28　ジェルルに入れられて持ち帰られるミルク。AOC認定チーズのサレールにするには、ミルクを集める容器は木桶で行うようにINAO認定制度によって規定されている。

　なお、ホエーはブタに与える前に、セパレーターにかけてクリームを分離します（**写真6-30、6-31**）。このクリームをバラットと呼ばれる電動チャーニング機で攪拌して、バターを自家製造しています（**写真6-32**）。かつては、ミルクからクリームを分離してバターを加工していたともいわれますが、チーズ加工・販売の方が収益性が良いので、現在ではミルクからはバターをつくっていません。ホエーで育てたブタは、自家製の生ハムとなります（**写真6-33**）。チーズを熟成させることができる生態環境では、ハムの熟成も可能なのです。チーズ製造とハム製造がステキに連携していて、営農する楽しさが伝わってきます。

　製造工程は全く同じなのに、カンタルとサレールはどうして呼び名が異なるのでしょう。それは、カンタルは一年中加工することが許され、殺菌乳の使用も許可されているのに対し、サレールの加工は乳牛が牧草を放牧採食する4月15日から11月15日まで、そして無殺菌乳を利用することとINAOで規定されていることによります。カンタルは最低1カ月熟成すれば販売できますが、サレールは最低3カ月以上の熟成が必要と規定されています。

写真6-29-1　凝乳のカッティング。

写真6-29-2　凝乳の圧搾脱水。ハードタイプのサレール・カンタルをつくるのに、凝乳を何度も圧搾脱水するのが特徴。

写真6-29-3　さらなる凝乳のカッティング。

写真6-29-4　十分に脱水してから、粉砕し、塩を混ぜた後に、型詰め・圧搾して成形する。

写真6-30 ホエーからクリームを分離。

写真6-31 ホエーをブタに与える。ブタは喜んでホエーに群がる。

写真6-32 サレール・カンタル工房で用いられているチャーニング機。容器内の棒が回転してチャーニングしていく。

写真6-33 自家製の生ハム。

規制はサレールの方が厳しいのです。酪農家は規定に合えばサレールとして呼称し、規定に合わなければカンタルと称して販売する傾向にあります。当然、サレールの方が単価は高く、付加価値がより付いています。

カンタルとサレールは、室温9〜13℃、湿度95％に人工的に調整された熟成庫に置き、熟成させます。熟成庫に静置している間に、白カビなどがカンタルやサレールに付着してきます。熟成中、2日〜1週間置きに表面を拭き、反転させます。1〜3カ月の熟成でカンタル・ジュン、3〜6カ月でカンタル・アントゥルドゥー、6カ月以上でカンタル・ヴュー、3カ月以上でサレールと呼ばれます。

かつては石づくりの山小屋や洞窟の天然の熟成庫が広く利用され、自然の状態で室温12℃、湿度95％が通年ほぼ保たれたといいます（**写真6-34-1、6-34-2、6-34-3**）。フランスでも夏には湿度が60％に落ちてしまいますが、小屋や洞窟という装置を利用して高湿度を保っていたのですね。

●認定制度の一長一短

AOC認定チーズに選ばれれば、地域に根差し、一定の水準を満たしたチーズであると保証されたわけですから、より高く売ることができます。世界に広く伝えられる宣伝効果もあります。フランスの酪農家は、自ら製造するチーズがAOCと認められれば、付加価値が付きより収益性が見込めるため、AOCに認定されることを極めて意識しています。

しかしAOCとして認定されるためには、カンタルとサレールの事例で紹介したように、製造工程や製造器具に至るまで、INAOが定める細かな指定に従う必要があります。INAO認定制度が逆に酪農家の自由度を拘束することにもなります。制度というのは、やはり窮屈さを伴い、酪農家の自由な発想と創意工夫を妨げることにもなりかねません。AOC認証制度には、こうした一長一短な側面があります。

●乳食文化を支えるフランス人のライフスタイル

フランスの人びとは、味覚に対して貪欲です。メニューを決めるのに、アペリティフ

ご馳走6　ヨーロッパの乳文化

（食前酒）を飲みながら1時間も議論したりします。菓子屋のショーウインドーには、芸術品を思わせる細やかな細工菓子がさまざまに並びます（写真6-35）。この食に対する飽くなき欲求も、チーズの熟成を極度に向かわせた一要因といえましょう。

フランスの人びとには、夏に数週間〜1カ月単位で休暇・旅行を取る習慣があります。バカンスを求めてはるか遠方まで赴きます（写真6-36）。筆者が調査した世帯では、冬から春にかけて加工した大量のカンタルとサレールを7〜8月の2カ月で旅行客を対象に売り切るといいます。フランスの人びとには自分の気に入ったチーズ工房がいくつかあり、毎年のように遠方から訪ねて、自分の好む熟成チーズを加工現場で購入する人びとが多いのです。フランスの人びとのこの民族移動性と味覚に対する貪欲性とが、フランスの酪農家のチーズ加工を成り立たせているのです（写真6-37-1、6-37-2、6-38）。

都市部から遠く離れ、中南部で熟成チーズ加工が商売として存立しているのは、冷涼湿潤という生態環境などに加え、フランスの人びとのライフスタイルそのものが支えているといえましょう。

写真6-34-1　石づくりでできた山小屋のチーズ熟成庫。

写真6-34-2　山小屋のチーズ熟成庫の内部。奥の部屋に熟成されているサレール・カンタルが見える。この山小屋は今でも天然の熟成庫として利用されている。

写真6-34-3　かつて利用されていた洞窟の熟成庫。

写真6-35　菓子屋の店先に並ぶさまざまな菓子類。芸術をも思わせる繊細で多様なお菓子が並ぶ。フランスの人びとの食へのこだわりが感じられる。

写真6-36　フランス中南部オーヴェルニュ丘陵地帯の景観。フランスの人びとは、どんなに遠くても夏のバカンスなどを利用して、お気に入りのチーズを求めて地方を訪ねる。

写真6-37-1　家庭で食後のデザートとしてチーズをカッティングサービスしているところ。

写真6-37-2　食の体系の中に、チーズはしっかりと位置づけされており、人びとは食後に地域のチーズを食べるのを楽しみにしている。

写真6-38　昼食の一例。チーズ、生ハム、スマッシュしたジャガイモにチーズを練り込んだアリゴ。食事の中に、たっぷりと乳製品が盛り込まれている。

●日本での独自なチーズ発展の可能性が漂う

　乳酸発酵とカビを用いて食材のうま味を引き立てるという熟成の技術は、東アジアの日本においても育まれています。ただ日本の場合は、対象が乳製品ではなく野菜や穀物であり、漬物や調味料類として熟成が発達してきました。民族学者の梅棹忠夫氏が指摘する通

り、ユーラシア大陸の両端（ヨーロッパと東アジア）では生態環境が類似し、食文化においても確かに類似した進化を起こしているのです。そこに、これからの日本での乳文化の未来も感じます。日本でもずいぶんと美味しい熟成チーズがつくられ始めています。比較的冷涼で湿潤な日本。今後の独自のチーズの大発展が、日本には大いにあるといってもいいでしょう。

イタリア北部の熟成チーズ発達史

イタリアには、世界的に有名なさまざまなチーズがあります。ハード系のパルミジャーノ・レッジャーノ、ウオッシュ系のタレッジョ、青カビ系のゴルゴンゾーラ。他にもまだまだたくさんの素晴らしいチーズがあり、イタリアは世界のチーズ文化に大きく貢献してきました。そして、チーズはイタリアの食文化の中に、しっかりと息づいています（写真6-39、6-40、6-41、6-42）。料理

写真6-39
パスタと粉チーズ。熟成ハード系チーズはすりおろして、トッピングとして古くからイタリアの料理に多用されてきた。熟成チーズは「うま味」の役割を果たす。

写真6-40
ピザと熟成チーズ。加熱したらとろける熟成チーズは、イタリアの食文化になくてはならない食材。

写真6-41
サラダと熟成チーズ。サラダにも熟成チーズは多用される。フレッシュな野菜の味を引き立てる。

写真6-42
そのまま味わう熟成チーズ。相性のいいワインと共にそのまま楽しむ。赤や青の野菜と一緒に飾られ見た目もキレイ。「山のチーズ」と呼ばれる熟成ハード系チーズ。

を見ているだけでワクワクしてきます。この楽しさが文化を創造していきます。チーズと食文化は、支え合いながら一体となって乳文化として歩んできたのです。チーズ文化がイタリアでどのように発展してきたのか、その発達史に触れましょう。

●ダニの食べかすでいっぱいの熟成庫

レンネットを使ったヨーロッパの熟成チーズは、ブルガリアのシレネのような塩漬けチーズ（P.81写真6-16参照）から始まったと考えられています。ギリシャにもフェタと呼ばれる同様のチーズがあります。そして、塩漬けしていたものを、空気中に取り出して熟成させるようになり、ハード系チーズへと展開していきます（写真6-43）。ハード系チーズ

写真6-43　熟成ハード系チーズ「山のチーズ」の熟成庫。ヨーロッパのチーズ文化の基層に山のチーズがある。

の始まりです。ハード系チーズづくりは少なくとも紀元前200年には開始されていたと言われています。ハード系チーズは、アルプス山脈地域で発達し、移牧民の人びとにより製造されてきました。「山のチーズ」と呼ばれ、今日まで製造され続けています。味わいは深く濃厚で、素晴らしいアロマ（芳香）を提供してくれます。

標高400〜2500mのアルプス山岳地帯から山のチーズを買い付けているイタリア北部・ロンバルディア州の熟成・卸売業者を訪ねました。イタリアのチーズは今日、生産工房と熟成業者とが分業となる傾向が強く、熟成と流通は熟成・卸売業者が大きな影響力を持っています。熟成中、チーズにはまず表面に白カビや青カビが生えてきます（写真6-44）。ブラッシングしながら熟成を進め、表面全体をカビで覆わせていきます。次に、ダニが自然と付着し始めます。ダニと聞くとゾッとしますが、オーナーはおかまいなしです。ダニはカビやチーズを摂取していくため、その遺物でチーズの表面から粉がふいた状態になっています（写真6-45）。全体が黒茶色の粉で覆われ、「このようなものが食べられるのか」と思えるほどです。熟成庫の床は、ダニの食べかすでいっぱいです。熟成庫の中は、アンモニア臭が鼻をつき目に染みます。

恐るべしこの山のチーズは、表面を削ってカビやダニを落として食べます（写真6-46）。さすがに、ダニまでは食べません。外はだめでも中身が大丈夫ならそれで問題ないのです。P.93写真6-42が、表面を削っ

写真6-44　ブラッシングしながらカビをコントロールし、チーズ全体にカビの皮をつくる。水分蒸発防止の一助ともなる。

ご馳走6　ヨーロッパの乳文化

写真6-45　熟成が進んだ山のチーズの表面に吹き出した粉。表面にカビが進展したら、次にダニが付着する。

写真6-46　カビやダニで覆われた山のチーズを削る。山のチーズを食べる際には表面を削り取り中だけを利用する。

た山のチーズの盛り付けです。チーズを削って盛り付けると、写真のように「大変身」ですが、同じハード系のエメンタールなどと比べても、味はもちろんのこと、外見上も負けてはいません。

　熟成ハード系チーズはすりおろして、さまざまな料理にあえて利用されています（P.93写真6-39）。イタリアでは、チーズのすりおろしはパスタだけでなく、多くの料理に利用されています。チーズは熟成を通してタンパク質がアミノ酸に分解されていますから、この利用法はちょうど日本の「うま味」を料理に添えるような使い方です。うま味を積極的に利用してきた日本でも、とても参考になる利用法です。

　山のチーズや移牧のような家畜を飼うスタイルは後に、ケルト人によりヨーロッパに広く伝えられていったといわれています。

●ホエー排出技術の改良が大型化もたらす

　山のチーズはイタリア語でラッテリア（Latteria：ミルクを取り扱う人びとのチーズ）やノストラーノ（Nostrano：われわれのチーズ）と総称され、厚さ7.5～9cm、直径30～35cmと大型で、薄く平たい形態をしています。レンネットを用いてミルクを凝固させ、凝乳を42℃ほどで処理してホエーの排出を促してから、成形・加塩・熟成しています。熟成は2カ月～2年以上と、種類によって幅があります。山のチーズは、移牧民が移動して持ち運ぶ必要性からも、このように薄平たく大型化していきました。チーズが大型化すると、熟成も穏やかに進んでくれるのです。

　ただし、熟成ハード系チーズが大型化する際の最大の問題は、中心部に水分が残り過ぎることにありました。どのように解決したのでしょうか。それはイタリア北部では、加塩と加温による凝乳からのホエー排出技術の発明によりました。一方、アルプス以北のフランスなどでは、カンタルやサレールなどのように、凝乳を徹底的に圧縮し、粉砕して塩を混ぜ合わせる方法が発達していきました（P.89写真6-29参照）。

●北部からアルプス山脈にかけての自然環境に適応

　山のチーズの熟成は、室温10℃前後、湿度60～70％台で行われています。温度は低温で、

湿度は意外にも高くはありません。「皮の硬い熟成ハード系チーズは、乾燥し過ぎて水分が蒸発し過ぎるのは問題であるが、むしろチーズから適度に水分が抜けていくことが必要であり、温度を低く保つことが極めて重要である」と、工房で働く職人は話します。ハード系の山のチーズは、イタリア北部からアルプス山脈の冷涼・半湿潤地帯において、地域の生態環境に極めて適応した、発達するべくして成立してきた熟成チーズであるといえましょう。

●チーズの多様性は在来の野草や乳酸菌から

　山小屋でつくられる山のチーズは、各チーズ工房の垣根を越えて、ほぼ同じ加工技術が共有されています。❶脱脂乳と全乳の混合生乳を利用する　❷混合生乳を無殺菌のまま利用する　❸自然に混入してくる在来の乳酸菌を利用する　❹混合乳を36℃前後に保持してレンネットを添加・静置する　❺30分ほどかけて凝乳を穏やかにカッティングしながらかき混ぜ続ける　❻約42℃に加温して凝乳粒からホエーの排出を促す　❼加塩後に反転させながら熟成庫内の自然環境下で熟成を進めていく　❽表面に付着するカビはブラッシングなどで除去するなど、山のチーズをつくる加工工程は各チーズ工房に共通して一致しています。それにもかかわらず山のチーズには工房ごと・地域ごとの味わいの違いが確かに認められます。どうしてでしょうか。この山のチーズの風味の違いは、何に由来しているのでしょうか。とても興味深いところです。

　山小屋ではウシやヤギを野草地で放牧して、チーズ加工に使うミルクを自ら生産しています。山小屋でのチーズのつくり手の多くは、「自然の多様なハーブ類を夏の野草地で家畜に採食させるから、ミルク自体が美味しくなり、チーズも他にない味わいになるのだ」と強調して胸を張ります。特に薬草とするセリ科などのハーブ類を尊重しています（**写真6-47**）。つまり、それぞれに自生する野草が異なるため、それらの野草を採食して生産されるミルクの風味がそれぞれ個性的で異なってくるのです。そして異なった風味を持つミルクを利用することから、そのミルクから生まれるチーズも独特の味わいになるのです。より良いおいしいミルクを生産するために、"独特の香りと成分のある野草"を家畜の飼料に積極的に利用しているところは、日本とは異なる価値観であり、家畜飼養法です。

　そしてまた、山のチーズの熟成には自然に混入してくる乳酸菌を利用しています。この乳酸菌も、それぞれの地域で自生する種類と個性が異なっています。従って、その発酵性も異なり、チーズの熟成による風味やテクスチャー（食感）が微妙に変化することになります。

　このように、それぞれの地域で自生する野草や乳酸菌を利用することでミルク自体の個性が異なり、熟成の具合も異なることになります。山のチーズにそれぞれの風味が誕生し、地域性が生じるのです。つまり、山のチーズの味わいの多様性は、加工技術は同一ではあっても、在来の野草と在来の乳酸菌を活用することによって生まれてい

写真6-47　放牧地の野草。薬草と呼ばれるハーブ類を大切にしている。

ると結論付けられます。イタリア北部山岳地帯のチーズの究極的な個性は「地域性」ということになりましょう。「地域性」を尊重するからこそ、他ではまねできないオンリーワンなチーズが出来るのです。イタリアでのチーズづくりは、われわれに多くのことを語ろうとしてくれています。

●パルミジャーノ・レッジャーノ：低地で新たな展開

　山のチーズは、イタリア北部のポー川流域の低地で新たな展開を迎えます。山のチーズからパルミジャーノ・レッジャーノが誕生するのです（写真6-48）。本物のパルミジャーノ・レッジャーノを食べたことのある方は、その素晴らしい濃厚で複雑な味わいに感動を

写真6-48　熟成ハード系チーズのパルミジャーノ・レッジャーノ。現在では厚さが23cmもある大型で、1つの重量は40kgもある。

写真6-49　パルミジャーノ・レッジャーノの工程で大切なのは、凝乳のカッティングと加温。凝乳はトウモロコシ大に細断され、その後、33℃から55℃へと10分ほどで加温し、凝乳粒からホエーを排出していく。

写真6-50　かつて利用されていたパルミジャーノ・レッジャーノの加熱・カッティング用の大釜。先端がとがって、火に触れる面積をより多くし、熱が伝わりやすい工夫がされている。また、凝乳は先端部分のとがった箇所に集まるようにもできている。（出典：本間るみ子『パルミジャーノ・レッジャーノのすべて』2007）

写真6-51　パルミジャーノ・レッジャーノの加塩。塩水に漬けて加塩する（左側の水槽）。かつては、直接粗塩を擦り付けて、加塩していた。右手の棚の上にあるプラスチック製の型枠が、最初に凝乳を入れて脱水する容器。職人が手に触れている金属製の型枠が、その次に脱水を進める容器。

写真6-52　黒い墨をパルミジャーノ・レッジャーノの表面に塗る。12カ月ほど熟成すると、夏の暑さ対策のため、写真のような黒い墨を、少なくとも1940年ごろまでは塗布していた。パルミジャーノ・レッジャーノの概観は、今のような深い橙（だいだい）色ではなく、40年ごろまでは真っ黒だった。（出典不詳）

覚えたことでしょう。24カ月熟成されたパルミジャーノ・レッジャーノは、内部にアミノ酸の結晶が見られ、食べるとジャリっとします。パルミジャーノ・レッジャーノもうま味を利用しているのです。

　パルミジャーノ・レッジャーノにも、長い歴史があります。パルミジャーノ・レッジャーノの加工工程は、山のチーズとほぼ変わりません。凝乳を細かくカッティングし、55℃まで加温して凝乳粒からホエーの排出を促します（P.97写真6-49、6-50）。山のチーズと大きく異なる点は、チーズの厚さが23cmもあるドラム型へと変化していることです。実は、パルミジャーノ・レッジャーノの厚さは時代とともに変遷し、中世の15世紀では厚さが8cmほどでした。時代とともに厚さが増していくことができたのは、塩の十分な供給、凝乳の加温を55℃まで高めてホエーを抜く技術を確立できたこと、そして、脱脂乳をチーズ加工に用いる技術を発明したことによります。北部の低地では、近くで岩塩が採れたことで、防腐のために多量の塩が使えました（写真6-51）。ここがアルプス山脈の山岳地帯と状況が異なる点です。また、凝乳の加温温度を高めることで、ホエーがより抜けていくことに気付いてもいきます。ミルクから脱脂する技術の発明によって、長期熟成中に乳酸菌などの微生物によりチーズが異常に膨らんでしまわないようになったともいわれています。

写真6-53　かつて使われていた熟成庫。熟成庫は、チーズ工房の北側に建てて日陰になるようにし、壁は厚く、窓は比較的小さくし、なるべく涼しくなるように工夫されていた。

　北部の低地では、夏は暑く半湿潤となってしまうために、さまざまな対策が取られていきました。パルミジャーノ・レッジャーノの表面には、油やブドウの搾り粕を塗布したり、黒い墨を塗ったりして、水分蒸発や暑さ対策をしていました（写真6-52）。熟成庫はチーズ工房の北側につくり、常に日陰にして、なるべく涼しくしていました。熟成庫の壁は厚くし、窓は小さくして、低温を保とうともしました（写真6-53）。それでも、昔は熟成庫の内部が20℃以上となり、水分が蒸発し過ぎてひび割れたり、油がにじみ出たりして、床が油でベトベトになったそうです。

　こうして北部の低地では、塩の豊富な供給、凝乳の高温化や脱脂技術の発明、そして、夏の暑く湿度の高くない自然環境と戦いながら、薄く平たい山のチーズから厚い平地のチーズへと変遷していったのです。

●タレッジョ：熟成ソフト系チーズが低地で誕生

　山のチーズは、移牧民によってつくられていました。移牧民は冬、山を降り、低地に戻ってきました。この低地で、熟成ソフト系チーズが誕生していきます。ウオッシュタイプのタレッジョ（写真6-54、6-55）や青カビタイプのゴルゴンゾーラ（写真6-56）

写真6-54　ウオッシュタイプのタレッジョ。

です。どちらも、世界中の人びとをとりこにする魅力的なチーズです。

タレッジョは、熟成温度と塩水によるブラッシングが重要です。熟成中にアルカリ性の塩水でブラッシングすることで、表面に繁茂した過剰な青カビや白カビを適度に除去し（写真6-55）、酵母の一種であるリネンス菌を表面に展開させていきます。熟成は35日ほど行います。熟成室は、室温1～6℃、湿度90%を目標にしていますが、実測値では湿度が80%を下回っていました。職人は、とにかく低温であることが重要であるといいます。

タレッジョはもともと冬の間だけ、移牧民によって加工されていたといわれています。夏にアルプス山脈の高地でウシを放牧し、冬に低地に戻ってきた際に、低地でつくられていたのです。タレッジョやゴルゴンゾーラは、「疲れた」を意味するストラッキーノとも呼ばれています。アルプス山脈から長旅をして低地に降りてきたウシを意図して、このような別名が与えられているのです。冬は平均気温が5℃を下回り、湿度も相

写真6-55　カビが表面に進展した熟成中のタレッジョ。表面に白カビや青カビが自然に繁殖してくる。ブラッシングせずにそのまま置いておけば、ネズミの毛のようにカビが立ち上がってくるという。

写真6-56　青カビチーズのゴルゴンゾーラ。青カビは、チーズの内部に展開するのが特徴。空気孔が縦に入れられているのが分かる。ゴルゴンゾーラも、もともとは秋から冬にかけてつくられていた。

対的に高い時期となります。低温と高湿度を必要とするタレッジョづくりには最適な時期といえましょう。タレッジョは、まさに移牧システムにうまく適合して誕生したチーズだったのです。また熟成には、天然の洞窟や地下室が利用されていたとも伝えられています。洞窟や地下室の低温と高湿度、そして、天然の微生物叢（そう）を利用して、タレッジョがつくられてきたのです。

タレッジョは、チーズ表面に付着するカビや酵母を利用して熟成を進めたソフト系チーズです。カビや酵母を繁殖させるには、適度な低温と高湿度な条件が必要となります。夏に高温となり、湿度が必ずしも高くない地中海性気候の条件下では、製造しにくいチーズタイプです。このような状況で、「洞窟や地下室などの特殊な条件が整った中、冬に一時的に移牧民が製造する」という方法に、チーズ内部での乳酸菌などを利用したハード系の熟成チーズから、チーズ表面に展開するカビや酵母を利用したソフト系の熟成チーズへと、

熟成方法やタイプが発展していく素地があったのです。季節のよってチーズをつくり変えるというのは、なんとも愉快で興味深いですね。

●ヨーロッパのハード系は「山のチーズ」から

　イタリア北部における熟成チーズは、基層に熟成ハード系チーズがあり、後になって、ウシ乳を対象に、低温と湿度が高く保てる特殊な状況の下で熟成ソフト系チーズが発達してきました。そして今日、イタリアでは多様な熟成チーズが花開いています。地中海性気候という夏の高温・半湿な自然環境で熟成チーズが発達してきた背景には、ここで紹介したような経過と環境利用があったのです。イタリア北部の事例に接すると、日本でも自然環境を上手に利用した独自な熟成チーズが開花する可能性を強く感じさせてくれます。それは、われわれ日本人にとっての希望でもあります。

古代の乳文化として、古代インドと古代日本を紹介します。難しい古文書を読み解いていくと、醍醐（だいご）とは何であったのかのヒントを与えてくれ、日本の乳文化のルーツも探っていけます。それでは古代乳文化の世界にお招きいたしましょう。

ご馳走 7
古代の乳文化

写真7-1
寺院に捧げられたバターオイル灯（手前の2つの灯明）。この灯明を醍醐灯とする研究者もいるが、正確には熟酥灯である。中国青海省にて。

古代の南アジアをたどる―醍醐とは？

　醍醐とは何でしょう？　失われた過去へのロマンもあり、私たちをずっととりこにしてきた言葉です。大乗仏教の「大般涅槃経（だいはつねはんぎょう）」に、有名なフレーズ「牛より乳を出し、乳より酪を出し、酪より生酥（せいそ）を出し、生酥より熟酥（じゅくそ）を出し、熟酥より醍醐を出す。醍醐が最上なり」があります。仏教は南アジアから渡来しました。釈迦が生きていた時代の南アジアの文字資料を基に、醍醐とは何かを考えてみましょう。

●古代インドの食文化を伝える：「ベーダ文献」と「パーリ聖典」

　ベーダ（Veda）文献（紀元前1200〜600年頃）は、現存する南アジア最古の宗教文献群です。供物（くもつ）となる乳製品やその加工過程について多くの言及を含んでいます。ベーダ文献の一部を図7-1に示しました。見ているだけで、頭がクラクラしてきそうです。サンスクリット語で書かれています。

　パーリ（Pāli）聖典とは、上座部（じょうざぶ）仏教に伝わる経典を指します。紀元前300年（以降）の

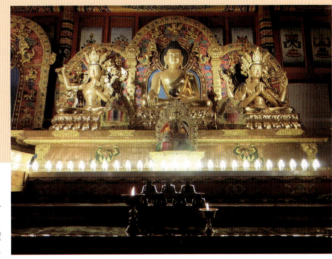

図7-1　ベーダ文献の中で、乳加工について説明している箇所の一部

時代の食生活や文化・技術に関する記述が豊富に含まれています。仏教には、上座部仏教と大乗（だいじょう）仏教とがありますが、上座部仏教は戒律の変更を一切認めず、釈迦によって定められた戒律と教え、悟りへ至る智慧（ちえ）と慈悲の実践を純粋に守り伝えています。ですから、パーリ聖典は釈迦の教えをより忠実に今日に伝えている最初期の仏教経典ということになります。

これらの古代インド・アーリア文献を基に、乳製品を再現してみましょう。古代インド・アーリアの人たち、そして、釈迦がどのような乳製品を食べていたのか、とても興味が湧いてきます。

●文献の記載から乳製品を探る

ほんの一部ですが、乳製品がどのように記載されているか紹介しましょう。

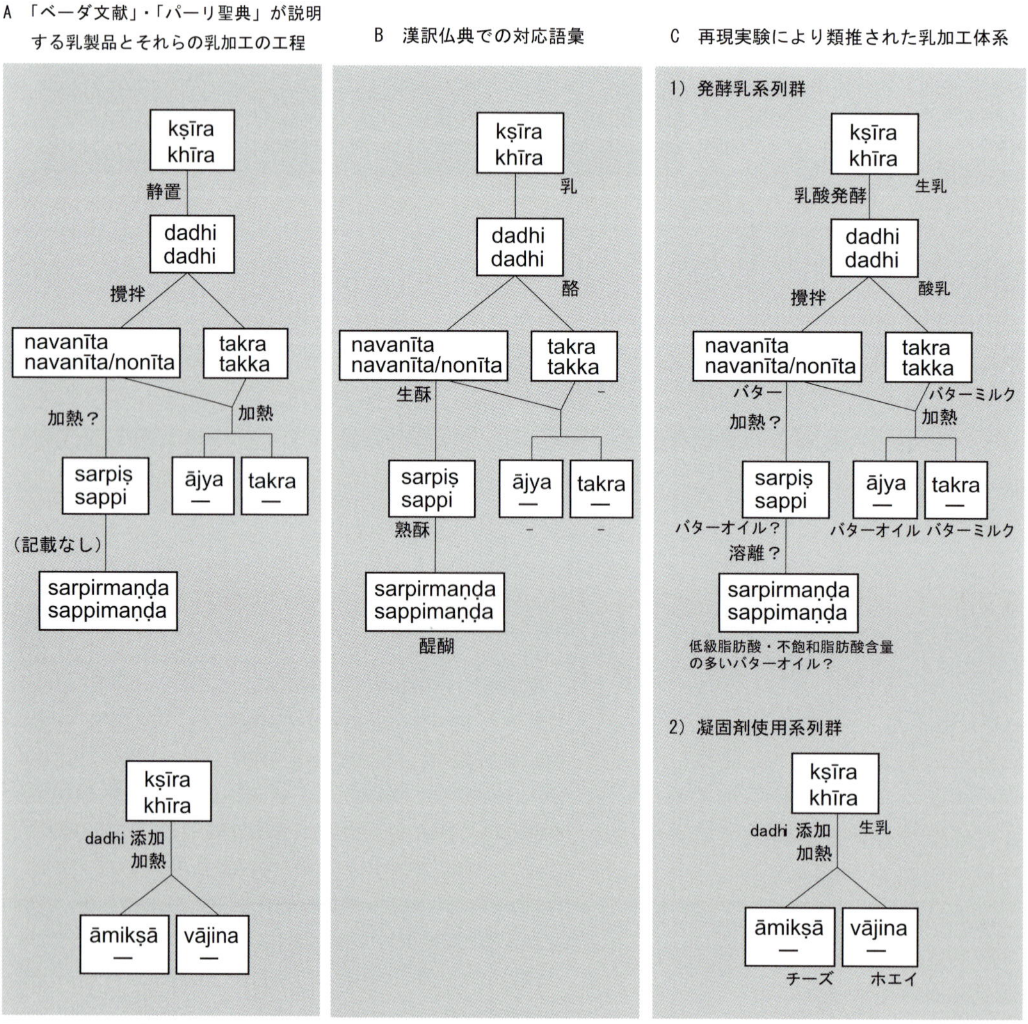

図7-2 ベーダ文献・パーリ聖典が説明する乳製品とそれらの乳加工の工程（A）、ベーダ文献・パーリ聖典の乳製品の語彙（ごい）に相当する漢語訳（B）、再現実験より同定・類推された乳加工体系（C）
※図中の「？」は、乳製品と加工工程の推測を意味する。図中の四角形中のサンスクリット語表記で、上段はベーダ文献、下段はパーリ聖典に見られる乳製品の語彙。

ベーダ文献
- 「dadhi を凝固させてから、革袋の中に注ぎ込み、車に（馬を）つないでから（革袋を）結び付けて、何度も飛び跳ねるようにいう」
- 「祭火によって清められた navanīta、あるいは、清めていない sarpiṣ を鍋の中で調理された供物の上に滴らせ」

パーリ聖典
- 「それは例えば比丘（びく）らよ、牛から生乳 khīra が、khīra から dadhi が、dadhi から navanīta が、navanīta から sappi が、sappi から sappimaṇḍa が生じる。それらの中で sappimaṇḍa が最上といわれる」
- 「大王よ、ある男が牛飼いの手から壺（つぼ）入りの生乳を買って、他ならぬ彼（牛飼い）の手の中に預けて『明日［それを］取ってこよう』と言って去るとしよう。その生乳は、次の日に dadhi に変わっているとしよう」

このように、記述内容は極めて抽象的です。そうした記載箇所の断片をかき集め、古代インド・アーリアの乳製品を再現していきました。図7-2-A にベーダ文献・パーリ聖典が伝える乳加工の工程と乳製品、その乳製品に対応する漢語訳（酪・生酥・熟酥・醍醐）を図7-2-B に示しています。

酪（dadhi）と生酥（navanīta）に相当する乳製品は比較的具体的に記述されていますが、熟酥（sarpiṣ/sappi）と醍醐（sarpirmaṇḍa/sappimaṇḍa）に関する乳製品については極めて不明瞭な記載しかありません。とても残念です。この記述の不十分さが、醍醐とは何であるか、とわれわれを悩まし続けている最大原因となっています。そこをどう乗り越えるかが、醍醐とは何かに答えていくことになります。

●ヨーグルトにほかならない酪

「生乳が自然に固まる」「次の日には（dadhi）に変わっている」の記述から、酪（dadhi）は酸乳（ヨーグルト）であることは明らかです。ミルクに種菌を少々加え、南アジア低地の夏の平均気温30℃に置いておくと、12時間ほどで酸乳となりました（写真7-2）。しっかりと酸っぱいです。

写真7-2 酸乳（ヨーグルト）の生成実験。左から、ミルクのみ、ヨーグルトを添加、敷きワラを添加し、それぞれに30℃で48時間加温。食べられるヨーグルトになったのは、ヨーグルトを添加した区画のみとなった。

牧畜民が搾乳すると、ミルクに敷ワラや糞、家畜の毛などが、たいていは混入しています。そこで、ミルクに敷ワラを加えて同様な実験も行ったのですが、腐敗してしまい、とても食べられるものではありませんでした。

●生酥はバターそのもの

dadhi を革袋の中に入れて、車で何度も飛び跳ねるとありますから、酸乳を容器に入れて振ってみました。2時間くらい攪拌（かくはん）したら、コメ粒状の黄白色の凝集物が表面に浮上してきました（写真7-3）。塊の大きさは1〜3mmほどです。この凝集物がnavanīta と呼ばれる乳製品で、生酥に相当します。成分分析したところ、脂質は75％、水分が19％、

写真7-3　酪（dadhi）を攪拌し、表面に浮上した黄白色のコメ粒大の生酥（navanīta/navanīta）。

写真7-4　ヤギの革袋による酸乳のチャーニング。写真はイラン南部のイラン系牧畜民。

タンパク質は1％ほどで、バターそのものでした。酸乳入りの革袋を車で何度も飛び跳ねさせるとは、チャーニングの作業を意味していたのですね。今でも、西アジアからチベットにかけて、革袋で左右に振ってバターを加工しています（写真7-4、P.8写真1-5参照）。仏陀（ぶっだ＝釈迦）の頃も今と変わらず、酸乳をチャーニングしてバターを加工して食べていたことになります。

●熟酥の成分はバターオイルと一致

古代インド・アーリア文献では、熟酥（sarpiṣ/sappi）の加工法は不明瞭です。ただ文献には、sarpiṣ/sappiは生酥（navanīta）から生成されるとあり、navanītaとsarpiṣ/sappiとは火（祭火）と関連させながら記述されています。原典に詳細に記述されていないので、あくまでも推測となってしまうのですが、navanītaを加熱したものをsarpiṣ/sappiと定めることにしましょう。

バターの生酥（navanīta）を鍋に入れて加熱したところ、完全に溶解して液状となりました（写真7-5-1）。さらに加熱を続けると、プツプツと音を立てながら湯煙がしきりに出て、茶色く焦げた凝固物も沈殿してきました。ここで生成したのが熟酥（sarpiṣ/sappi）ということになります。黄色で透明で、油状の性状で、メープルシロップに似た香りを呈していました（写真7-5-2）。成分分析したところ、脂質は95％までに高まり、水分は0.2％、タンパク質は0.1％に落ちていました。これはバターオイルの成分と一致します。この加熱の工程は、水分やタンパク質を排除し、脂肪の純度を高めて精製する工程であったと言えましょう。プツプツと音をたて、湯煙が盛んに出ていたのは、

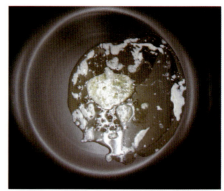
写真7-5-1　熟酥（sarpiṣ/sappi）の加工。鍋の中で生酥（navanīta）を加熱・溶解し、熟酥（sarpiṣ/sappi）を得る。

写真7-5-2　ビーカーに回収した熟酥（sarpiṣ/sappi）。

バターである生酥（navanīta）から水分が蒸発していたのです。茶色く焦げた凝固物が生じていたのは、タンパク質が加熱変性して分離・凝固していたのです。

生酥（navanīta）を祭火によって清めるとしているのは、かつての祭司たちが鍋の中の供物の上に滴らせるために、固形のバターを加熱して液状のバターオイルとし、流動性を高めさせている工程を意味していたのですね。もちろん、仏陀や当時の人びともバターオイルを食べていたことでしょう。バターオイルは、現在のインドでも盛んにつくられ（P.27写真2-7、2-8参照）、極めて重要な食料となっています。

●固形の熟酥からバターオイルが溶け出すと…

古代インド・アーリア文献では、醍醐（sarpirmaṇḍa/sappimaṇḍa）の加工の仕方については、残念ながら、一切触れられていません。推測になりますが、酪農科学の知識をも導入し、醍醐へと何とかたどりついてみましょう。

熟酥（sarpiṣ/sappi）はバターオイルでした。バターオイルから唯一可能な加工は、固形のバターオイルから液状のバターオイルを取り出すことのみです。これ以外ありません。この唯一可能な加工を指摘したのは帯広畜産大学名誉教授の有賀秀子氏です。

固形の熟酥に溝を掘り、室温に静置しておきました。室温が22〜25℃となったところで、熟酥の表面から汗をかき、油状の液体が断面から溶離し始め、底部にわずかにたまり始めました（**写真7-6**）。古代中国の古文書（「新修本草＝しんしゅうほんぞう」、「飲膳正要＝いんぜんせいよう」、「本草綱目＝ほんぞうこうもく」）などにも、このような醍醐の製法が記されています。これこそがsarpirmaṇḍa/sappimaṇḍaであり、醍醐です。最上なりと表現された乳製品です。ほんのちょっぴりしか取れません。新修本草や「本草和名（ほんぞうわみょう）」などに、醍醐は蘇（そ）の精液なりと表現されたことがよく分かります。

成分を分析したところ、脂質は97％、水分が0.1％、タンパク質は0.1％でした。醍醐の成分もバターオイルの成分と酷似しています。ただ、バターオイルに比べ低級脂肪酸で7.5％、二重結合を含む不飽和脂肪酸で34.5％、それぞれ含有比率が高くなっていました。脂肪は、低級脂肪酸と不飽和脂肪酸を多く含有すればするほど融点は低下します。つまり、より低温でも個体から液体になりやすいのです。22〜25℃で表面から汗をかき始めたのは、この液状になりやすいバターオイル部分が溶離していたのです。

写真7-6　熟酥（sarpiṣ/sappi）に断面をつけ、静置して醍醐（sarpirmaṇḍa/sappimaṇḍa）を溶離させる。溝の底に露出した醍醐がわずかに見える。

●古代の乳製品製造に取り組む牧場

古代インド・アーリア文献の「それは例えば比丘らよ、牛から生乳khīraが、khīraからdadhiが、dadhiからnavanītaが、navanītaからsappiが、sappiからsappimaṇḍaが生

じる。それらの中でsappimaṇḍaが最上といわれる」が、仏典に受け継がれ、「牛より乳を出し、乳より酪を出し、酪より生酥を出し、生酥より熟酥を出し、熟酥より醍醐を出す。醍醐が最上なり」と漢語訳されました。そして、再現実験の結果、関連する中国古文書の情報、酪農科学的な加工技術の情報から、「酪は酸乳であり、生酥はバター」と断定できます。さらに、「熟酥はバターオイル、醍醐は液状になりやすいバターオイル」と類推されます（P.100図7-2-C）。

醍醐は、低級脂肪酸と不飽和脂肪酸をより多く含有し、融点が低く、液状になりやすいバターオイルです。まず間違いないでしょう。これ以外には考えられません。

この製造工程に従って醍醐を製造している酪農家が日本におられます。宮崎県都城市のミルククラブ中西牧場（中西廣さん・六子さん）です。六子さんに尋ねると、「有賀秀子先生にお聞きしながら開発していった」と言われます。夫人の情熱と研究熱心さに、ただただ敬意を感じます。

醍醐を、本草綱目では極めて甘美、本草和名では妙薬、「和漢三才図会（わかんさんさいずえ）」では滑らかで物（肌など）につけたりすると透き通るようだとしています。古代インド・アーリアの人びとも乳製品の中でも最上なりと評しました。

興味のある方は購入されて、ぜひご賞味ください。あるいは連絡をいただければ、さらに詳しいつくり方をお教えしますので、つくってみてはいかがでしょうか。また、本欄で紹介した再現実験の成果は、ほんの一部、概略にすぎません。詳細な検証については、平田ら「古・中期インド・アーリア文献〔Veda文献〕〔Pāli聖典〕に基づいた南アジアの古代乳製品の再現と同定」『日本畜産学会報』84(2)：175-190（2013年）をご参照ください。

古代の日本をたどる—酥と蘇とは？

日本では、古墳時代から飛鳥時代にかけて大陸から乳文化が積極的に取り込まれ、貴族社会が崩壊する鎌倉時代末期まで、搾乳や乳製品の加工が行われていました（表7-1）。それらの乳製品は一体どのようなものであったのでしょう。古代日本の乳文化史で重要となるのは、酪・酥・蘇という乳製品です。

表7-1　南アジアと東アジアにおける古代乳製品を記した主な古文書

時代	書名	著者・編集者	文献出所地 インド	中国	日本	主な乳製品
BC300年期	パーリ聖典（大般涅槃経）	(不詳)	●			酪・生酥・熟酥・醍醐
AD200〜300年	名医別録	梁・陶弘景		●		酥
AD530〜550	斎民要術	賈思勰		●		酪・乾酪・漉酪・酥
AD739年	本草拾遺	陳蔵器		●		湿酪（酸乳）・乾酪
AD918年	本草和名	深江輔仁			●	酪・蘇/蘇・醍醐
AD927年	延喜式	藤原時平・忠信			●	蘇
AD931〜938年	和名類聚抄	源順			●	酪・酥・醍醐
AD984年	医心方	丹波康頼			●	醍醐・蘇
AD1290年頃	居家必用	編著者不明		●		酪・乾酪
AD1330年	飲膳正要	忽思慧		●		酥・醍醐
AD1596年	本草綱目	李時珍		●		酪・酥・醍醐

●古墳時代に大陸から伝来

古墳時代に盛んに行われた日本と大陸との交流で、大陸からいろいろな文化が日本に伝

来してきました。この古墳時代に、仏教をはじめ乳文化も日本に伝来した可能性が高いと考えられています。聖徳太子よりも前の時代です。ちょうどこの頃、中国では「斉民要術（せいみんようじゅつ）」がまとめられます。モンゴル牧畜民由来の鮮卑（せんぴ）の集団が華北地方に北魏（ほくぎ）を建国しました。この北魏時代の末期、530〜550年に賈思勰（かしきょう）によって編さんされたのが斉民要術です。斉民要術は、乳製品の加工を詳細に記載しています（図7-3）。斉民要術の日本への伝来時期は不明ですが、古墳時代に伝来した可能性が極めて高いと考えられます。

　ここでは斉民要術をテキストに、古代日本の乳製品を見てみましょう。次に紹介する再現実験の結果は、ほんの一部の概略です。詳細な検証については、平田ら「『斉民要術』に基づいた東アジアの古代乳製品の再現と同定」『ミルクサイエンス』59(1)：9-22（2010年）をご参照ください。

　また、時代は下って平安時代、924年に「延喜（えんぎ）式」という法典が編さんされます。律令政治の整備が目的でしたが、その内容は多方面にわたり、百科事典的な書物となっています。この延喜式の中にも乳製品が登場してくるのです（図7-4）。この乳製品こそ日本独自の乳製品である可能性があり、日本の乳文化史において極めて重要な乳製品となります。延喜式の乳製品も併せて紹介しましょう。

図7-3　斉民要術に記載されている乳加工技術。酪、乾酪、酥などのつくり方が示されている

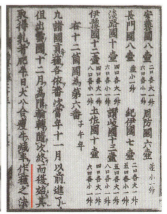

図7-4　延喜式に記載されている蘇の加工法

●斉民要術と延喜式に見る乳製品

斉民要術で酪と酥、延喜式で蘇について説明する箇所の原典訳の一部を紹介します。

【酪】（斉民要術）
　乳を鍋に入れ、弱火で加熱する。加熱した乳を濾過（ろか）した後、瓶に入れ、酵として前につくっておいた良質の酪を加える。酪を寝かせるには、ぽかぽかして体温よりやや暖かいところが適温である。絨毯（じゅうたん）や綿布（めんぷ）などで瓶を包み、一重の布で蓋（ふた）をしておくと、翌朝には酪が出来上がる。

【酥】（斉民要術）
　朝早く起きてその甕（かめ）に酪を入れて、天日にさらす。手動で攪拌を始めるが、攪拌子は常に甕の底に着くように上下に動かす。しばらくすると酥ができるから、冷水を加える。酥が凝集したら、攪拌は終わりである。
　10日ほどして、酥の量が多くなったら、全部を合わせて鍋に入れ、とろ火で加熱する。この加熱によって酥に残っている乳の水分は湧き上がり、雨滴が水面を打つような音をたてて蒸発する。水分がなくなると、音は収まり、これで酥の加熱は完了する。

【蘇】（延喜式）
　蘇をつくるには、乳を大一斗（の容積）を煮詰めれば、蘇が大一升（の容積）得られる。

●酪であるヨーグルトの加工法は明快

　斉民要術では、酪のつくり方として、乳酸発酵スターターらしき酵を乳に加え、人肌ほどに保温して一晩置くとしています。これは明らかに酸乳（ヨーグルト）づくりの工程を指し示しています。38℃で一晩静置したら、pHは3.8に落ちていました。酪はヨーグルトです。古代南アジアで紹介した大般涅槃経（P.101）でも、酪はヨーグルトを指していました。酪とする乳製品のみ、中国・日本の歴史を通じ、ヨーグルトとしてぶれることがありません。それほど、酪であるヨーグルトの加工法は明快であり、バターなど他の乳製品と区別しやすかったのでしょう。

●ヨーグルトからバターへ、バターからバターオイルへ

　酪を攪拌するとありますから、容器にヨーグルトを入れて攪拌しました。2時間ほど攪拌すると、表面に黄色い凝集物が浮き始めました（写真7-7）。これをすくい取って成分分析すると脂質79％、水分14％、タンパク質0.5％でした。これはバターの成分とほぼ一致しています。

　斉民要術では、この酥をさらに加熱するとあるので、酥を鍋に入れて加熱しました（写真7-8-1、7-8-2）。成分分析すると脂肪が95％、水分0.2％、タンパク質0％でした。これはバターオイルの成分と酷似しています。加熱中に雨滴が水面を打つような音がすると記しているのは、

写真7-7　斉民要術に基づいた酥への加工。酪であるヨーグルトを攪拌して酥（バター）を加工する。表面に浮いている黄色い乳製品が酥。

写真7-8-1　斉民要術に基づいた酥の加工。酥（バター）を加熱し、酥（バターオイル）を得る。

写真7-8-2　最終的な酥（バターオイル）。

バターから水分が蒸発していくことを意味していたのです。古代インド・アーリア文献と同様な工程を斉民要術もたどっています。

　斉民要術における、酪を攪拌して酥をつくり、酥を加熱して最終的な酥にするという説明は、ヨーグルトをチャーニングしてバターを形成させ、バターを加熱することでバターオイルへと導くことを意味していると解釈できます。酥は、バターとバターオイルの2種類の乳製品を指し示していることになります。

●延喜式が伝える蘇は濃縮乳

　延喜式に「ミルクを煮詰めれば蘇になる」と書いてあるので、ミルクを煮詰めていきました（写真7-9）。煮詰めていくと、ミルクは茶色くなり固形状となりました。これ以上加熱すると焦げるだけの状態まで加熱を続けました。

　大一斗は約7.2ℓ、大一升は約0.72ℓですから、蘇はミルクの1/10の容量になることになります。しかし、頑張って加熱濃縮しても12%以下にはなりません。もともとミルクの固形分は12%ほどですから、完全に1/10になるはずもあ

写真7-9　延喜式に基づき、生乳を煮詰めてつくった蘇（濃縮乳）。

りません。延喜式が伝える容量に関する記述は、正確な値を指し示したものではなく、おおよその目安量を示したものであるといえます。大体1/10になるのだと延喜式は伝えているのです。延喜式が伝える蘇は濃縮乳ということになります。

●大衆の食料とはならなかった乳製品

　仏教は少なくとも古墳時代には日本に伝来していました。大般涅槃経では、「酥」という文字が用いられています。しかも酥は、生酥と熟酥とで区別して表記されています。古代南アジアで紹介した通り、生酥（navanīta）はバター、熟酥（sarpiṣ/sappi）はバターオイルを指していました。古代インドの文化が、涅槃経を媒介にして、日本にそのまま伝わってきたといえましょう。

それに対して斉民要術では、生酥と熟酥が一括して酥と表記されています。再現実験の結果、酥という一語がバターとバターオイルとを意味するように変化したことが明らかとなりました。古代中国で、モンゴル遊牧民系の人びとが統治している際、酥の意味する乳製品の内容に変化が起こったのです。

　この時期、和薬使主（やまとのくすしのおみ）と称される知識人が朝鮮から日本に迎え入れられます。和薬使主とされる一族が斉民要術を携え、斉民要術に従って日本で乳加工を行った可能性は極めて高いでしょう。つまり、日本にモンゴル系の乳加工技術が伝わり、ヨーグルト、バター、バターオイルが加工されたことになります。

　飛鳥時代に、関西地方を中心に「蘇」といわれる乳製品がつくられていました。本草和名では、蘇／蘇（蘇と蘇という文字が入り混じって使用されている）は仏典に記されていると指示しています。つまり、中国から日本に乳文化が伝わり、酥が蘇／蘇の文字に置き換わってしまったことになります。乳製品としては、同じバターとバターオイルを指しているのに変わりありません。

　この蘇づくりは、奈良時代に全国展開していきます。天皇に蘇を地方から献上する律令制度もつくられ、重要な食品となっていきました。蘇という乳製品は、それほど魅力的な食べ物だったのでしょう。日本を含む東アジアでは、乳製品は古来、薬として取り扱われていました。乳製品は、当時の食生活においては栄養価に富んだ食品でしたから、滋養薬として使われたことでしょう。しかし、そのような乳製品は大衆のものではなく、あくまで天皇など一部の貴族のためのものでした。乳製品はほのかに甘く美味で、貴族に大変に愛好されたことでしょう。もともと非乳文化圏の日本へは、乳文化は嗜好品・栄養補助食品として入ってきたのです。

　そして延喜式に示されたように、新たなる蘇づくりが始められます。これは、濃縮乳であることが再現実験から分かりました。ここで、インド・モンゴル由来の酥とは全く異なった蘇が日本で誕生したことになります。この全く新しい乳製品が誕生した背景には、遠方から京の都まで運搬する「貢蘇」という制度と大きく関わっていたとされます。運搬に日数がかかるため、乳製品の腐敗を防ぎ、日持ちのする乳製品が確実に求められたのでしょう。そこで編み出されたのが、濃縮乳の蘇だったのです。ともかく、少なくとも平安時代には、日本独自の乳製品「蘇」がつくられるようになっていきました。その蘇を製造している酪農家が日本におられます。奈良県の西井牧場さんや宮崎県のミルククラブ中西牧場さんです。延喜式にしっかりと基づいた古代日本の乳製品をつくられています。

　インド仏教やモンゴルの影響を受けてバター・バターオイルが渡来し、貢蘇制度の下、やがて独自の濃縮乳へと展開。これが古代日本の乳文化史です。非乳文化圏の日本にミルクが入ってきて、最初は外国の方法に倣い従うものの、やがて日本オリジナルな乳製品を考え出していきます。外来文化を独自の文化へと発展させてきたのが日本です。この史実に従うと、今後も日本での新たなる乳文化の創造は、どんどんと生まれてくることでしょう。そこに夢を感じます。

　この乳製品の利用も、南北朝時代の戦乱で完全に日本から消滅してしまいます。乳製品が大衆の食料ではなかったので、簡単に消えていってしまったのでしょう。再び乳文化が日本に登場し、広く市民のものとなっていくのは、江戸時代末期から始まる西欧の影響、学校給食、国の政策と深く関係していきます。近現代日本の乳文化の紹介は、別の機会の楽しみといたしましょう。

本書で、さまざまな地域の乳文化を紹介してきました。乳文化は西アジアに一元的に起源し、ミルクの長期保存技術を獲得した段階で周辺へと伝播（でんぱ）し、長い年月をかけて大きく二つの乳文化圏を形成していきます。この人類がたどった乳文化史を、筆者は「ユーラシア大陸における乳文化の一元二極化説」と呼ぶ立場から捉えています。それでは、本書をまとめる意味で、この乳文化史がどのようなものであったか紹介しましょう。

ご馳走 8

ユーラシア大陸に見る乳文化の一元二極化

写真8-1
モンゴル遊牧民の手土産。客人を迎えるときも、客人を送るときも、貴重な乳製品で応える。モンゴル遊牧民の熱い気持ちが乳製品と共に伝わる。乳文化が牧畜民の生活を支えている。

● 人類史上の根源的な乳加工技術：西アジア型発酵乳系列群

搾乳と乳加工は、今から約1万年ほど前に西アジアで起源したことは、「ご馳走0」で紹介しました。搾乳はどこででも発明されるほど簡単な技術ではなかったこと、乳製品の本来の意義は保存にこそあったことなどに触れました。ヒトは搾乳を発明し、ミルクを加工して保存できたからこそ、ミルクに、そして、家畜に全面的に依存して暮らしていくことができたのです。いわゆる牧畜です。西アジアのアラブ系牧畜民も、北アジアのモンゴル系遊牧民も、みんな乳文化に大きく依存しながら今日まで暮らしてきました。

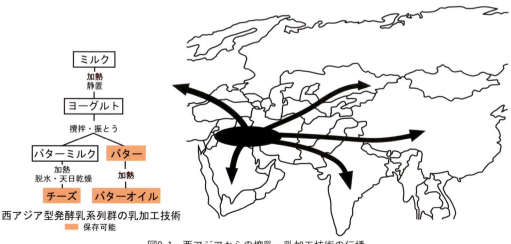

図8-1　西アジアからの搾乳・乳加工技術の伝播

西アジアで搾乳が開始されるのと、ほぼ同時期にミルクの保存技術が発明されていきました。その原初的な乳加工技術は、どのようなものでしょうか。それは、搾りたてのミルクを加熱殺菌してから乳酸発酵させ、ヨーグルトにまず加工させます。ヨーグルトを左右に振とうするか上下に攪拌（かくはん）するかしてバターを加工します。バターは加熱してバターオイルにし、長期保存食とします。バターをすくい取った後に大量に残るバターミルクは、加熱・凝固し、天日に当てて乾燥させ、チーズにして長期保存食とします（図8-1）。

　この乳加工技術は、今日でも西アジアの牧畜民に見られます。具体的には、「ご馳走１」の西アジアの乳文化をご覧ください。「ご馳走７」で紹介した南アジアの古代インド・アーリアの人びとも、東アジアの古代モンゴル系の人びとも、この乳加工技術を土台としていました。人類史の極めて早い段階で、ユーラシア大陸に広く伝播したことが理解されます。西アジアで誕生し、ミルクをまず乳酸発酵させてから乳加工が始まることから、私はこの乳加工技術を「西アジア型発酵乳系列群の乳加工技術」と呼んでいます。人類にとって西アジア型発酵乳系列群は根源的な乳加工技術と言えましょう。バターオイルは素晴らしい乳製品で、今後の日本においても大いに展開応用性に満ちた乳製品です。しかし、牧畜民がつくる非熟成型のチーズはお世辞にもおいしいとは言えません。牧畜民にとって、非熟成型チーズは何よりまず保存食なのです。自然環境の厳しい乾燥地では保存できる、乳製品は命の糧となります。

　ミルクの長期保存を可能とさせた西アジア型発酵乳系列群は、家畜飼養とセットになってユーラシア大陸に広く伝播していきました。そして、ユーラシア大陸で南方乳文化圏と北方乳文化圏に特徴的に発達していきます（図8-2）。

　次にそれぞれの特徴を見ていきましょう。

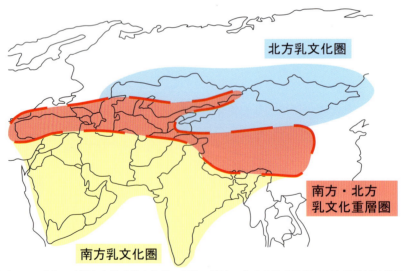

図8-2　ユーラシア大陸における乳文化の二極化。南方、北方の乳文化圏の交わる地域は重層圏。

●長期保存のためのチーズ―南方乳文化圏

　南方乳文化圏は、西アジアや南アジア（インド）に発達しています。ユーラシア大陸南方の暑く乾燥した地域です。西アジアでは、西アジア型発酵乳系列群の乳加工技術に加え

て、バルカン半島が起源と考えられるレンネット（ご馳走6-1）によるチーズ加工を主に行っています。レンネットを使ったチーズ加工なのですが、高濃度の塩水ですぐに煮立てて熟成を停止させるので、やはり美味しくはありません（ご馳走1）。チーズはやはり長期保存させることが何よりも優先されているのです。

　南アジアでも、西アジア型発酵乳系列群の乳加工技術を土台としています（ご馳走2）。南アジアで特徴的なのは、チーズ加工のための凝固剤として、レンネットの代わりに果物の搾り汁などの植物有機酸が用いられていることです。中央アジアから南下してきた古代アーリアの人びとは、南アジアで当初は酸っぱいヨーグルトを用いて凝固剤としていましたが、現在では採用していません。そして、ミルクを強火で加熱する濃縮乳が発明されていきます。濃縮乳にするだけでも、保存性が相当に高まります。この濃縮乳をベースに果物やナッツ類などを添加して、さまざまな乳菓が発達してきます。地球上で乳文化が多様に花開いた地域の1つが、実はこの南アジアのインドなのです。

●ミルクからお酒をつくる—北方乳文化圏

　北方乳文化圏は、中央アジアや北アジア（モンゴル）に発達しています。ユーラシア大陸北方の冷涼で乾燥した地域です。中央アジアや北アジアでは、西アジア型発酵乳系列群の乳加工技術が伝わり、冷涼気候の下に乳文化が特徴的に発達していきます。それはミルクからクリームを積極的に分離するようになることです。ミルクをそのまま静置してクリームを浮上させるのです。北方地域では、このような簡便な方法でミルクから乳脂肪を分画する技術を編みだしていったのです。この北方域での静置によるクリーム分離法は、ミルクを置いておいてもすぐには腐らない冷涼な環境にあったからこそ発達した技術です。モンゴルのクリームはわずかに発酵し美味至極（ご馳走3）。しかし、スキムミルクからのチーズ加工は、熟成させずに天日乾燥させてカチカチにさせてしまうので、やはり美味しいとはいえません。北方地域の牧畜民にあっても、チーズを長期保存することが何よりも優先されているのです。これらが北方域の牧畜民に広く共通した乳文化です（P.111写真8-1）。

　そして、北方乳文化圏で特徴的に発達したのがミルクからお酒をつくる技術です（ご馳走3）。アルコール発酵は糖類を元に発酵します。馬乳は、乳糖含量が高く、タンパク質などその他の成分が少ないため、よりよくお酒になってくれ、喉ごしのスッキリしたお酒となります。ウシやラクダなどでも乳酒をつくりますが、そのまま飲むにはやはりウマのミルクでつくる乳酒が一番に美味です。

　乳文化史的に見ると、北方乳文化圏は西アジアから二次的に発達したことになります。その発達の方向というのが、冷涼な自然環境の下での、クリームの分離や乳酒の加工だったということです。

●ジャパン・スタイルな乳文化の発展を願って

　本書では、ユーラシア大陸の乳文化を紹介してきました。今日の私たちは、乳製品をたくさん利用するようになりました。そのほとんどはヨーロッパ型の乳文化です。カマンベールチーズなどのナチュラルチーズ、ピザやグラタン、ケーキやプリン…。いずれもヨーロッ

パ型の乳文化です。本書では、アジア型の乳文化を多く紹介しました。インドやモンゴルなどの乳文化は、ヨーロッパ型にはないもので、とても興味深い乳製品にあふれ、たくさんのアイデアを提供してくれています。ヒマラヤ山脈の冷涼・湿潤地での熟成チーズの開花に出会う時、日本でもオリジナリティーあふれる乳文化の誕生を感じさせてくれます。新しい乳製品を開発するために何かアイデアが欲しい時、ぜひ本書をあらためて開いてみてください。新たなる発見があることでしょう。より詳しいことについては、気軽にご連絡ください。喜んで情報を提供させていただきます。
　日本の乳製品の新たなる展開、そして、日本人のライフスタイルに適合した日本型の乳文化の発達・形成を、ただただ願いつつ、本書を閉じさせていただきます。

■ミルクにまつわる書籍

　ミルクについて、さらに勉強されたい方に、参考書を以下に紹介します。ミルクについてよりよく知識を得られ、さらなる開発のヒントを必ずもらえることでしょう。

【ミルクの文化】
- 廣野卓（1996）『古代日本のチーズ』角川選書
- 石毛直道、和仁皓明（編著）（1992）『乳利用の民族誌』中央法規
- ポール・キンステッド（2013）『チーズと文明』築地書館
- 平田昌弘（2013）『ユーラシア乳文化論』岩波書店
- 平田昌弘（2014）『人とミルクの1万年』岩波書店

【ミルクのサイエンス】
- 中澤勇二、細野明義（編著）（1998）『新説チーズ科学』食品資材研究会
- 伊藤敞敏、渡邊乾二、伊藤良（編著）（1998）『動物資源利用学』文永堂出版
- 木村利昭、井越敬司、村山重信（2007）『ミルク＆チーズサイエンス』デーリィマン社
- Young W. Park and George F. W. Haenlein, 2006. Handbook of milk of non-bovine mammals, Blackwell Publishing Ltd, Oxford.
- NPO法人チーズプロフェッショナル協会（編著）（2016）『チーズを科学する』幸書房

【ミルクの料理】
- 有賀秀子（監修）、高橋セツ子、筒井静子（著）（1996）『カルシウムいっぱい　とっておきのミルク料理』北海道新聞社
- 高橋セツ子（2001）『誰にでもできる乳製品とその料理』酪農総合研究所（発行）・デーリィマン社（販売）
- 小山浩子（2013）『乳和食』主婦の友社
- ミルクレシピ：Jミルクのホームページ（https://www.j-milk.jp/recipes/index.html）

【チーズ関連】
- 本間るみ子（2003）『AOCのチーズたち　フランス伝統の味』フェルミエ
- 本間るみ子（2015）『イタリアチーズの故郷を訪ねて　歴史あるチーズを守るDOP』旭屋出版
- 久保田敬子（2006）『チーズソムリエになる　基礎から学ぶチーズサービスの仕事』柴田書店
- ジュリエット・ハーバット（2011）『世界チーズ大図鑑』柴田書店
- NPO法人チーズプロフェッショナル協会（編著）（2017）『チーズ教本2017』小学館

【食の文化】
- 中尾佐助（1972）『料理の起源』日本放送出版協会
- 石毛直道（監修）（1998）『人類の食文化』農山漁村文化協会
- 原田信男（2005）『和食と日本文化　日本料理の社会史』小学館

　ミルクについては、上記以外にも多くの書籍が出版されています。書店で手に取り、自分でお気に入りの参考書を探すのも楽しいことでしょう。

平田　昌弘（ひらた　まさひろ）

1967　福井県小浜市生まれ
1991　東北大学農学部畜産学科卒
1993　東京大学大学院農学研究科修士課程（応用動物科学専攻）修了（農学修士）
1999　京都大学大学院農学研究科博士後期課程（熱帯農学専攻）修了（農学博士）
2004　帯広畜産大学准教授

1993年～96年にはシリアにある国際乾燥地農業研究センター（ICARDA）に準研究員（青年海外協力隊員）として派遣され、植生調査と牧畜研究に従事。ミルクの魅力に出会う。以後一貫して、牧畜と乳文化とを追い求め、ユーラシア各地をフィールド調査。

現在、ミルクの新たな価値の創造と日本における乳文化の発展を目指す「ミルク1万年の会」（https：//www.facebook.com/milk10000years）特別顧問。

主な著書
『ユーラシア乳文化論』（岩波書店）（2013）
『人とミルクの1万年』（岩波書店）（2014）

研究に対する栄誉
三島海雲記念財団・「世界の発酵乳」論文賞（2008）
日本沙漠学会・学術論文賞（2009）
日本酪農科学会・学会賞（2012）

デーリィマンのご馳走
ユーラシアにまだ見ぬ乳製品を求めて

定価 本体価格1,800円＋税

初版発行　平成29年1月1日

著　　　者	平　田　昌　弘	
発　行　者	新　井　敏　孝	
発　行　所	デーリィマン社	

〒060-0004　札幌市中央区北4条西13丁目
電話　011 (231) 5261 (代　表)
　　　011 (209) 1003 (管理部)
FAX　011 (271) 5515

印　刷　所　　岩橋印刷株式会社

Printed in Japan　無断複製を禁ずる。落丁・乱丁本はお取り替えいたします。
ISBN978-4-86453-046-0